水利水电工程施工工厂设计实例

钱肖萍　郭红　著

黄河水利出版社
·郑州·

内 容 提 要

本书全面系统地介绍了施工组织设计施工工厂设施,对黄河万家寨水利枢纽、黄河沙坡头水利枢纽、黄河龙口水利枢纽、云南省李仙江戈兰滩水电站、刚果共和国英布鲁水电枢纽、新疆塔尕克一级水电站、新疆齐热哈塔尔水电站、黄河海勃湾水利枢纽等多项工程进行了简要介绍,系统地总结了施工工厂设施,并根据各项工程的特点进行了技术分析和经验总结。

本书内容全面,专业性和实用性强,可供水利水电工程勘察、设计、施工、科研等部门技术人员和管理人员使用,同时也可供水利水电院校师生参考使用。

图书在版编目(CIP)数据

水利水电工程施工工厂设计实例/钱肖萍,郭红著.
郑州:黄河水利出版社,2012.11
ISBN 978 - 7 - 5509 - 0374 - 6

Ⅰ.①水…　Ⅱ.①钱…②郭…　Ⅲ.①水利水电工程 - 工程施工 - 工厂 - 设计　Ⅳ.①TV222

中国版本图书馆 CIP 数据核字(2012)第 258532 号

组稿编辑:李洪良　电话:0371 - 66024331　E-mail:hongliang0013@163.com

出　版　社:黄河水利出版社
地址:河南省郑州市顺河路黄委会综合楼 14 层　邮政编码:450003
发行单位:黄河水利出版社
发行部电话:0371-66026940、66020550、66028024、66022620(传真)
E-mail:hhslcbs@126.com
承印单位:黄河水利委员会印刷厂
开本:787 mm×1 092 mm　1/16
印张:9.75
字数:180 千字　　　　　　　　　　　印数:1—1 000
版次:2012 年 11 月第 1 版　　　　　　印次:2012 年 11 月第 1 次印刷

定价:35.00 元

序

  多年来的水利水电工程实践表明,施工组织设计是水利水电工程设计的重要组成部分,做好水利水电工程施工组织设计工作,对保证工程施工总进度和工程质量以及降低工程造价等具有重要的意义。

  施工工厂设施是施工组织设计的重要组成部分,原称施工辅助企业。依照现行的施工组织设计规范,施工工厂设施包括砂石加工系统、混凝土生产系统、混凝土预冷系统及预热系统、压缩空气系统、施工供水系统、施工供电系统、施工通信系统、机械修配厂、加工厂等内容。机械修配厂包括施工机械修配、汽车保修或保养,加工厂主要包括钢管加工厂、木材加工厂、钢筋加工厂、混凝土构件预制厂、制氧厂等。

  已建工程的实践经验,值得包括设计方在内的参建各方认真总结。这本《水利水电工程施工工厂设计实例》是以施工组织设计施工工厂设施为重点进行详细论述的,内容较为丰富,其中包括黄河万家寨水利枢纽、黄河沙坡头水利枢纽、黄河龙口水利枢纽、云南省李仙江戈兰滩水电站、刚果共和国英布鲁水电枢纽、新疆塔尕克一级水电站、新疆齐热哈塔尔水电站、黄河海勃湾水利枢纽等多项工程。上述工程的设计、施工和建设的经验都经受了实践的检验,其中大多数为大中型工程,还包括国外工程。本书对这些工程的施工工厂设施进行了系统的成果总结并进行了技术分析研究,具有一定的参考价值,是一本实用的书籍。

  作为一名从事水利水电工作数十年的技术工作者,非常希望看到更多的设计人员能够及时对自己所完成的工作进行总结。这样,广大水利水电科技工作者也可以从中学习和借鉴,从而更好地促进我国水利水电科学技术的发展。

中国勘测设计大师   王宏斌

2012 年 9 月

前　言

　　水利水电工程施工工厂设施是施工组织设计的重要组成部分,简称施工工厂,原称施工辅助企业。依照现行的施工组织设计规范,施工工厂设施包括砂石加工系统、混凝土生产系统、混凝土预冷系统及预热系统、压缩空气系统、施工供水系统、施工供电系统、施工通信系统、机械修配厂、加工厂等内容。修配厂是指机械修配厂、汽车修配厂、汽车保养站等,加工厂主要包括钢管加工厂、木材加工厂、钢筋加工厂、混凝土构件预制厂、制氧厂等。

　　现行施工组织设计规范将"料源选择与料场开采"单列章节,但在水利水电工程施工组织设计中,混凝土骨料料场的选择与开采规划通常包含在施工工厂的设计中,并被列入砂石加工系统的设计。

　　本书系统地介绍了施工组织设计施工工厂设施,对多项工程有关勘测设计成果进行了系统的总结并进行了技术分析研究。本书共分十章,第一章是水利水电工程施工工厂设计概述,系统地介绍了施工工厂设施所包含的内容。第二至第九章为各项工程施工工厂设计,项目包括黄河万家寨水利枢纽、黄河沙坡头水利枢纽、黄河龙口水利枢纽、云南省李仙江戈兰滩水电站、刚果共和国英布鲁水电枢纽、新疆塔尕克一级水电站、新疆齐热哈塔尔水电站、黄河海勃湾水利枢纽等工程,其中海勃湾水利枢纽为在建工程,其余项目均为已建工程。对上述各项工程分别进行了工程简要介绍并重点总结工程的施工工厂设计。第十章为水利水电工程施工工厂设计实例总论,是对工程进行的技术分析和经验总结并得出的相关结论。

　　本书各项工程设计内容力求全面完整,工程内容的顺序相同,深度尽量保持一致并争取差别不大。

　　由于作者水平有限,书中难免存在缺点和不妥之处,希望读者提出宝贵意见。

作　者
2012 年 8 月

目　录

第一章　水利水电工程施工工厂设计概述

第一节　概　　述

水利水电工程施工工厂设计是指水利水电工程施工工厂设施设计,属于水利水电工程施工组织设计的一部分,原称施工辅助企业,简称辅助企业;现称施工工厂设施,简称施工工厂。

当前执行的水利行业标准《水利水电工程施工组织设计规范》(SL 303—2004)中,规定的施工工厂设施包括砂石加工系统、混凝土生产系统、混凝土预冷系统及预热系统、压缩空气系统、施工供水系统、施工供电系统、施工通信系统、机械修配厂、加工厂等内容。机械修配厂包括修配厂、汽车修配厂、汽车保养站,加工厂主要包括钢管加工厂、木材加工厂、钢筋加工厂、混凝土构件预制厂、制氧厂等。

在现行的电力行业标准《水电工程施工组织设计规范》(DL/T 5397—2007)中,规定的施工工厂设施与现行水利行业标准相比,包含的内容基本一致。砂石加工系统至施工通信系统的排列顺序和内容一致,其后称为综合加工及机械修配厂。综合加工包括钢管加工厂、大型设备和金属结构拼装厂、木材加工厂、钢筋加工厂、混凝土构件预制厂等。机械修配厂包括修配厂、汽车修配厂、汽车保养站、制氧厂等。

施工工厂设施的投资一般为工程总投资的 5%～10%,施工工厂设施的建筑安装工作量在施工准备期总工作量中占有很大比重,其费用可达施工准备工作总费用(不包括导流工程费用)的一半以上,施工准备期的长短在很大程度上也取决于修建施工工厂所需的时间。施工工厂设施对保证工程质量具有重要意义,对工程投资、施工总进度以及职工生活等方面均具有重大影响,是水利水电工程施工中不可缺少的重要组成部分。

第二节　施工工厂设施设计内容

20 世纪 80 年代出版的《水利水电工程施工组织设计手册》共分五卷,第一卷为施工规划,第二、三卷为施工技术,第四卷为辅助企业,第五卷为结构设计。五卷共十二篇,第四卷辅助企业共分两篇,即第十一篇砂石骨料和混凝土拌和系统及第十二篇施工辅助企业。第十一篇包括采料场、砂石加工厂、砂石储存及转运设施、混凝土工厂、水泥储运系统、混凝土材料的冷却和加热等内容,第十二篇包含压缩空气系统、施工给水系统、施工供电系统、施工通信系统、混凝土预制件厂、钢筋加工厂和木材加工厂、施工机械修配企业、汽车修配企业等内容。

砂石骨料和混凝土拌和系统简称砂石混凝土系统,是指从砂石骨料的开采、加工、运输直至混凝土的配料、拌和及成品出厂的全部设施和整个生产过程。砂石加工系统简称砂石系统,混凝土生产系统简称混凝土系统。

采料场设计包括料源、料源规划、采运能力和砂石储备量、采料场的开采组织、采运设备的选型计算、工程弃渣利用等内容。辅助企业涉及的采料场是为工程混凝土骨料以及级配砂石料提供料源的,土料场和填筑料料场不在此范围内。为与其他料场区分开,砂石加工系统所采用的料场通常称做混凝土骨料料场。

砂石加工厂设计内容包括生产规模、工艺流程、主要设备的选型计算、厂址选择和设备配置、砂石骨料的质量控制等。砂石储存及转运设施设计包括砂石储存设施,受料、堆料、取料和装车设备,储仓、料门和溜槽,堆料场的布置和容积计算,带式输送机的选型计算等内容。

混凝土工厂设计包括混凝土工厂的规划、布置,设备选型,掺合料和外加剂的掺加措施等内容。水泥储运设施设计包括水泥储运设施的组成及规模、水泥的装卸和运输设备、水泥的储存设施、水泥的机械输送、水泥的气力输送、气力输送中的物料等内容。

混凝土材料的冷却和加热包括混凝土出机口的计算温度,混凝土材料的冷却、加热方式和计算,混凝土加冰拌和,骨料和水泥的冷却,混凝土材料的加热设施、隔热保温,制冷厂设计,锅炉房等内容。

压缩空气系统首先明确任务、组成及一般要求,设计包括压缩空气设备容量确定、空气压缩机选择、压缩空气站、压缩空气管网等内容。施工给水系统同样首先明确其任务和组成及用水要求,设计包括水量计算、地表水取水构筑物、水质净化及水处理构筑物、水上水厂、输配水工程、泵站、循环水冷却等内容。施工供电系统设计包括供电负荷计算及无功功率补偿、施工电源选择、35～220 kV

施工降压变电站、工区 6~12 kV 配电网络、自备发电厂、施工场地特殊构筑物的防雷措施等内容。施工通信系统设计包括电话站、线路网络规划、无线通信和移动式通信等内容。

混凝土预制件厂、钢筋加工厂、木材加工厂等三厂在明确任务的前提下,其设计内容包括组成、总平面布置、上述三厂及其辅助生产设施等,混凝土预制件厂包括生产规模的确定、生产工艺、平面布置、原材料与混凝土配合比、水泥仓库、砂石堆场、混凝土拌和楼(站)成型车间、成品养护、成品堆场、主要经济技术扩大指标等。钢筋加工厂和木材加工厂的设计内容包括生产规模的确定、生产工艺、平面布置、主要指标计算、主要设备等。辅助生产设施主要承担上述三厂的辅助生产任务,其内容主要包括修配车间、电气维修间、实验室、锅炉房、仓库等。上述三厂还有分开布置的问题。

施工机械修配企业设计包括机械修配厂总体设计、铸造车间、锻造车间、铆焊车间、金工车间、热处理车间、施工机械修理车间、辅助生产设施、机械修配站等。汽车修配企业包括企业的设置原则和保修工作量的计算、汽车修理厂、汽车保养站等。

第三节　砂石加工系统与采料场的关系

砂石加工系统的主要特点是规模大、工作环节多、作业线长、对砂石成品骨料的质量有严格要求。在以混凝土坝为主体的水利水电工程中,砂石加工系统和混凝土生产系统承担着全工程大部分的运输量,而砂石加工系统生产的成品砂石料是工程混凝土所需粗细骨料的来源,在整个混凝土施工过程中具有十分重要的地位。在砂石加工系统与采料场的关系上,采料场是否包含在砂石加工系统之内,在新老规范的规定上是有所区别的。

在《水利水电工程施工组织设计规范》(SDJ 338—89)中,砂石加工系统包括采石场和砂石厂。然而,在国内目前实行的水利行业标准《水利水电工程施工组织设计规范》(SL 303—2004)中,将采石场从砂石加工系统中分离出来,归入"主体工程施工"章中的"料源选择与料场开采"一节;在国内目前现行的电力行业标准《水电工程施工组织设计规范》(DL/T 5397—2007)中,则将"料源选择与料场开采"单列一章。

《水利水电工程施工组织设计规范》(SDJ 338—89)目前已被现行水利行业标准《水利水电工程施工组织设计规范》(SL 303—2004)及现行电力行业标准《水电工程施工组织设计规范》(DL/T 5397—2007)所替代。

　　施工工厂所涉及的采料场是指混凝土骨料料场,采料场分天然砂砾料场和人工石料场,对于天然砂砾料场的砂石加工工艺,主要设置筛分工艺即可将砂砾料分级,若天然级配相对工程需要严重不平衡,还可设置破碎工艺用以调整级配。人工石料场通常需要爆破开采石料,经过破碎后再经筛分生产各级骨料。因人工砂成本普遍较高,有些工程仅生产人工粗骨料即各级碎石,而细骨料即砂料则另找天然砂料场或外购。采用何种方式为工程提供砂石骨料,需根据工程具体情况经过技术经济比较,确定出经济合理的方案。

第四节　　施工工厂设施主要设备

　　砂石加工系统在现行规范中虽然不包括料源的选择与料场的开采,但砂石加工厂的工艺设计与料场密不可分,尤其对于天然砂砾料场,砂石加工厂的生产规模和加工工艺的确定都与料场的天然混合级配直接相关。因此,在施工组织设计中,混凝土骨料料场的选择与开采规划仍然包含在施工工厂的设计中,通常被列入砂石加工系统的设计。

　　料场开采普遍采用反铲挖掘机,辅助采用推土机集料,石料场开采通常需要爆破,普遍采用潜孔钻机。砂石加工厂的破碎机械主要有旋回式破碎机、颚式破碎机、圆锥破碎机、反击式破碎机、锤式破碎机等,圆锥破碎机包括标准圆锥破碎机、中型圆锥破碎机和短头圆锥破碎机。筛分机主要有圆振动筛、直线振动筛、自定中心振动筛、重型振动筛、复合振动筛、棒条振动筛等。筛分机还有单层筛、双层筛和三层筛之分。洗砂机一般采用螺旋分级机,俗称螺旋洗砂机。砾石洗泥设备通常采用槽式洗泥机,砂石料的运输任务通常由胶带输送机承担,胶带输送机又称带式输送机,俗称皮带机。

　　混凝土生产系统的主要设备是拌和楼,如果工程工期短、混凝土浇筑强度不高,也会采用拌和站。因为拌和站结构相对简单、安装周期短而更显经济,被越来越多地应用于水利水电工程。水泥仓库一般采用散装水泥罐储存,特殊标号的水泥则多以袋装型式储存在袋装水泥库中。散装水泥罐分钢结构和钢筋混凝土结构两种型式。在浇筑大体积混凝土时,为降低水泥水化热,满足混凝土温度控制要求,通常掺加粉煤灰以代替水泥,粉煤灰的储存一般也采用散装物料罐,称做散装粉煤灰罐。

　　施工供风系统的主要设备是空气压缩机,简称空压机,故供风系统也称做压气站。空压机分固定式和移动式两种,按动力不同还分为电动和油动。固定式空压机多为电动,移动式空压机多为油动。风动设备还包括凿岩机、凿岩台车等。小型风动设备包括气腿式凿岩机、手持式凿岩机等。施工供水系统的主要设备是水泵。水泵分离心泵、轴流泵和混流泵,也分立式和卧式、单级和多级、单吸和双吸等型式,还有深井泵、潜水电泵、计量泵等。供水系统若设水处理工艺,还需配置水处理净化设备。施工供电系统主要设备为变压器、柴油发电机组等。

混凝土预制件厂的主要设备是拌和设备和振捣器等。钢筋加工厂的主要设备有钢筋切断机、钢筋调直机、钢筋弯曲机、钢筋弯钩机、对焊机、弧焊机、点焊机等。木材加工厂的主要设备有万能木工圆锯、木工平刨床、单面压刨床、单头直榫开榫机、自动带锯磨锯机、万能木模铣床等。

第二章　黄河万家寨水利枢纽施工工厂设计

第一节　枢纽工程概况

一、工程位置及任务

万家寨水利枢纽位于黄河北干流上段的托克托至龙口峡谷河段内。坝址左岸为陕西省偏关县,距庄三铁路三岔堡车站 82.3 km,右岸为内蒙古自治区准格尔旗,距丰准铁路薛家湾车站 60.6 km,交通比较方便。工程任务是供水结合发电调峰,兼有防洪、防凌作用。供水任务是向山西雁北、晋中和内蒙古准格尔旗能源基地提供工业和城市用水,以及部分农业补水;发电任务是建设调峰水电站,担负晋、蒙电网尖峰负荷并向华北地区中央企业供电;防洪任务是提高已建天桥水电站的防洪标准;防凌任务是减轻天桥库区冰害。

万家寨水利枢纽坝址以上流域面积为 394 813 km²,距黄河入海口 1 888.3 km。坝段河道比降为 1.24‰,河宽为 300～500 m,呈 U 形,河底为基岩,两岸滩地为砂卵石淤积物。万家寨水利枢纽溯黄河以上,以河口镇为界,称为上游。黄河自河源流经青海高原、陇东平原和沙漠草原,在宁夏、甘肃交界处进入黑山峡峡谷河段,沙量较少,是黄河水资源的主要来源区。在此区间内已建的水电站有龙羊峡、刘家峡等 6 座。黑山峡以下到河口镇区间,黄河穿行于腾格里沙漠与毛乌素沙漠之间,气候干旱,降水量少,蒸发渗漏损失量大。河口镇至万家寨坝址有大黑河、红河(也称为浑河)和杨家川等支流汇入黄河。万家寨坝址以下约 25 km 为龙口水电站坝址,再顺流而下约 70 km 为已建成的天桥水电站坝址。

万家寨水利枢纽总库容 8.96 亿 m³,水电站装机总容量 108 万 kW。枢纽工程属 I 等大(1)型工程,枢纽的主要建筑物拦河坝及电站主厂房等按 1 级建筑物设计,其洪水标准按 1 000 年一遇洪水 16 500 m³/s 设计,10 000 年一遇洪水 21 200 m³/s 校核。

水库最高蓄水位 980 m,正常蓄水位 977 m,采用蓄清排浑的运行方式,排沙期运行水位 952～957 m,冲刷水位 948 m,总库容 8.96 亿 m³,调节库容 4.45 亿 m³。枢纽大坝为混凝土半整体重力坝,坝顶长度 438 m,最大坝高 90 m,坝后式厂房装机 6 台,单机容量 18 万 kW,总装机容量 108 万 kW,机组间距 24 m,主厂房长度 196.5 m。在大坝左岸坝段设 2 个引黄取水口,供大同、平朔地区和太原地区引水,2 条输水管径均为 4 m,可满足年供水 12 亿 m³ 的任务。

设计多年平均入库沙量为 1.49 亿 t,设计多年平均含沙量 6.6 kg/m³。大坝设 8 个底孔、4 个中孔和 1 个表孔,采用长护坦挑流消能。10 000 年一遇洪水下泄量 8 326 m³/s,1 000 年一遇洪水下泄量 7 899 m³/s,排沙期最低运用水位(952 m)时总泄量大于 5 000 m³/s,满足水库泄洪和排沙要求。

枢纽主体工程混凝土及钢筋混凝土 184.55 万 m³,土石方开挖 130.46 万 m³。施工导流采用分期导流方式,施工总工期 6.5 年(筹建期除外),第五年第一台机组发电,工程静态投资 211 696 亿元,总投资 326 604 亿元。

二、枢纽简介

万家寨水利枢纽采用半整体式直线重力坝,坝后式厂房,溢流坝段布置在左岸,厂房布置在右岸的布置方案。由拦河坝、坝后式水电站厂房、电站引水系统、泄水建筑物、取水建筑物及开关站等组成。

拦河坝为直线布置的混凝土重力坝,坝顶长度 438 m,坝顶高程 982 m,最大坝高 90 m。自左向右全坝共分 22 个坝段,依次为左岸非溢流坝段、底孔坝段、中孔坝段、隔墩坝段、电站坝段及右岸非溢流坝段。引黄取水口布置在左岸非溢流坝段,设 2 个孔径 4 m 的取水口,取水口底高程 948 m,最大引水流量 2×24 m³/s,进水口设拦污栅,为确保引到清水采用分层式取水方式。引黄取水口右侧为泄水建筑物,由左向右依次为 1 个表孔,孔口宽 14 m,堰顶高程 970 m,最大泄量 864.36 m³/s;8 个底孔,孔口尺寸为 4 m×6 m,底坎高程 915 m,单孔最大泄量 719.5 m³/s;4 个中孔,孔口尺寸为 4 m×8 m,底坎高程 946 m,单孔最大泄量 675.41 m³/s。中孔邻近电站进水口,便于排放漂浮物。溢流坝下游消能均采用长护坦挑流式,冲刷坑远离坝址,使坝基下游有足够的支撑岩体以利于坝基的深层抗滑稳定。为避免溢流坝泄流对电站尾水产生影响,在厂房尾水平台后修建长 46 m 的尾水导墙。紧接中孔坝段为隔墩坝段,内设电梯及楼梯井。隔墩坝段右侧为电站坝段,设 6 个进水口,进水口底坎高程 932 m,进水口前设拦污栅,栅墩采用直线连通式布置。引水钢管直径为 7.5 m,采用坝内埋管型式。为防止机组检修时电站进水口被泥沙淤堵和减少过机泥沙,除 1# 机组外,在每个进水口的左下方设置 1 个孔口尺寸为 2.4 m×3 m 的排沙孔,共 5 孔,进口高程 912 m,钢管直径 2.7 m,库水位 952 m 时单孔最大泄量 56.52 m³/s。主厂房内设 6

台单机容量为 18 万 kW 的混流式水轮发电机组,机组间距 24 m,主厂房长 196.5 m,宽 27 m,厂房总高 57.687 m,主安装场位于主厂房的右端。电站副厂房位于主厂房的右侧,与安装场端墙相接。工业取水口设在右岸溢流坝段,紧靠电站坝段布置,为确保取到清水,也采用分层布置,孔口尺寸为 1.4 m × 1.6 m,最大取水流量为 2.0 m³/s。紧接工业取水口坝段,在右岸非溢流坝段中设电梯井、楼梯及门库。大坝左、右岸端部由非溢流坝与岸坡相接。

三、气象与地质

万家寨库区两岸为干旱、半干旱的黄土高塬丘陵区,夏季干旱少雨,冬季严寒多风沙,属温带季风大陆性气候。年平均气温 7 ℃ 左右,最高月平均气温 24.7 ℃,最低月平均气温 -17.2 ℃。年降水量在 300～500 mm,多年平均水面蒸发量达 2 000 mm。

坝址区自然地质条件——坝址区黄河流向为南略偏西转向南。河谷呈宽"U"形,谷宽 400 余 m,两岸陡立,岸高百米以上。常见河水位 898 m,水面宽 200 余 m,水深 1～3 m。河床除两岸坡脚有较厚的崩、坡积物外,一般覆盖层厚度为 0～2 m,主河床水下多为基岩裸露。坝址基岩由寒武系、奥陶系碳酸盐类地层组成,主要岩性为中厚层、厚层、薄层灰岩,白云质灰岩,鲕状、竹叶状灰岩,泥灰岩,页岩等。

第二节　施工工厂设施

万家寨工程施工工厂设施包括砂石加工系统、混凝土生产系统、施工供风系统、施工供水系统、施工供电及通信系统、修配及综合加工厂等。

砂石料右岸采用辛庄窝石料场作料源,左岸采用柳青塔块石料场作料源,均为两班制生产。混凝土生产系统分左、右岸 2 个系统,左岸混凝土系统选用型号 4 × 3 m³ 和 3 × 1.5 m³ 拌和楼各 1 座,铭牌总生产能力 290 m³/h;右岸混凝土系统,选用型号 3 × 1.5 m³ 拌和楼 1 座,铭牌生产能力 105 m³/h,三班制生产。

施工供风系统分左岸坝头、左岸混凝土系统、右岸坝头、右岸混凝土系统共 4 座压气站,供风容量分别为 100 m³/min、40 m³/min、160 m³/min、12 m³/min,供风总容量为 312 m³/min。施工供水系统水源为黄河水,总供水规模 3 200 m³/h。工程施工用电总负荷 27 637.8 kW,变电站总容量为 25 000 kVA,采用 2 台 12 500 kVA 变压器。施工通信在左、右岸各设置交换机 1 台,并分散建电话站。

修配及综合加工厂设置:钢筋加工厂生产能力 15 t/班;木材加工厂生产能

力 30 m³/班;混凝土预制厂生产能力 10 m³/班;机械保修厂和汽车保养站均设 4 个点;钢管加工厂生产能力 12 t/班。钢筋、木材加工厂每日两班制生产,其余均为一班制生产。

万家寨施工工厂设施技术指标汇总详见表 2-1。

表 2-1　万家寨施工工厂设施技术指标汇总

序号	名称	生产能力	日班制	劳动力人数	电动设备功率 (kW)	油动设备功率 (kW)	生产用房 (m²)	占地面积 (m²)	备注
一	左岸采石场	22.7 万 t/月	二	90		8 740	100	380 000	
二	左岸砂石加工厂								处理能力
1	粗碎→No.5 皮带机	28 万 t/月	二	50	1 334		280	110 000	
2	筛分→成品料堆	800 t/h	二	272	4 237		1 550	100 000	
三	右岸采石场	5.8 万 t/月	二	80		5 485	100	100 000	
四	右岸砂石加工厂	170 t/h	二	110			200	70 000	
五	左岸混凝土系统								
1	混凝土拌和	290 m³/h	三	250	770	12 320	1 590	15 000	
2	制冷	220 万 kcal/h	三	90	1 300		270		
3	预热	285 万 kcal/h	三	56	100		250		
六	右岸混凝土系统	105 m³/h	三	180	1 050	2 200	1 550	20 000	含制冷预热
七	压缩空气站								
1	左岸坝头	100 m³/min	三	9	667		200	400	
2	左岸混凝土系统	40 m³/min	三	6	269		80	200	
3	右岸坝头	160 m³/min	三	9	1 042		335	600	
4	右岸混凝土系统	12 m³/min	三	3	80		80	200	
八	施工供水系统	3 200 m³/h	三	90	4 870		1 400	18 000	

续表 2-1

序号	名称	生产能力	日班制	劳动力人数	电动设备功率（kW）	油动设备功率（kW）	生产用房（m²）	占地面积（m²）	备注
九	机械修配系统		一	100	324		2 000	10 000	5 个
十	汽车修配系统		一		443		6 400	25 600	5 个
十一	钢筋加工厂	15 t/班	二	46	456		576	6 000	
十二	木材加工厂	30 m³/班	二	80	200	232	1 000	10 000	
十三	混凝土预制构件厂	10 m³/班		35	50	332	300	6 000	
十四	钢管加工厂	12 t/班		70	556		400	12 000	

第三节　砂石加工系统

一、料场的比较与选择

(一)坝址区天然砂石料场

万家寨工程坝址区可供选择的天然砂石料场有前后滩料场、柳树滩料场及大东梁料场三处。

前后滩料场天然砂石料场位于坝址下游 10 km 的关河与黄河交汇处,地处关河口村北黄河左岸河漫滩上,地面高程 868～875 m,料场表层已为人工填土所覆盖,覆盖层厚度 0.5～3.0 m,料场分上、下两层,上层为砂卵石层,下层为砂层,总厚度一般 12～19 m,最大厚度 20 m,卵砾石占 63.4%,砂占 35.1%。砂卵砾石中卵砾石缺 7.5～15 cm 的一级,砂以细砂为主。主要质量问题为含泥量均超标;粗细骨料均偏细,砾石缺少粗大粒径;粗骨料冻融损失率、软弱颗粒含量及膨胀率均不达标。有用层砂砾石储量约 200 万 m³,砂储量约 96 万 m³,无用层体积约 52 万 m³。

柳树滩天然砂石料场位于前后滩料场对岸,为黄河冲积漫滩,地面高程 887～890 m(地下水位高程 884 m),该料场为砂卵砾石混合料,卵砾石占 62%,粒径在 16 cm 以下,砂为中细砂。总储量 75.1 万 m³,无用层体积 12.2 万 m³。料场主要质量问题大致同前后滩。

大东梁天然砂石料场位于河曲县大东梁村,距坝址运距约 81 km,料场为砂卵砾石混合料,以细砂为主,砾石占 57.5%,砂料占 42.5%,没有大于 80 cm 粒径的粗料,砂砾料质地纯净,含泥量很小,总储量 480 万 m³,表层黄土 10 m 左右,但有较大面积上无覆盖层,砂砾料已裸露在外。

(二)坝址区人工砂石料场

在工程区左、右岸共有 4 处人工砂石料场,为辛庄窝、明灯山、李家圪卜及柳青塔石料场。左岸辛庄窝石料场位于黄河左岸辛庄窝村,距坝址约 3 km,料场呈马蹄形环状山脊,地面高程 1 270 ~ 1 285 m,岩性为中奥陶系马家沟组下段厚层、中厚层灰岩、白云质灰岩、白云岩。有用层储量约 576 万 m³,无用层体积约 58 万 m³,岩石质纯、坚硬性脆、饱和状态岩石抗压强度 102 ~ 320 MPa,冻融损失率小于 0.15%,软化系数≥0.73。开采、运输条件好。

左岸明灯山石料场位于坝址以东 6 km,料场呈南北长条形山脊,地面高程 1 550 ~ 1 565 m,岩性为中奥陶系马家沟组上段,中厚层、厚层灰岩、豹皮状灰岩及生物碎屑灰岩等。有效储量 1 110 万 m³,无效体积 150 万 m³。饱和状态岩石抗压强度为 100.9 ~ 140.2 MPa,冻融损失率小于 0.15%,软化系数大于 0.7。开采条件好,运输条件稍差,运距较远。

右岸李家圪卜(坝头)石料场位于黄河右岸坝头李家圪卜村东,距坝址 0.6 km,料场为条状山脊,地面高程 1 140 ~ 1 230 m。条状山脊被多条冲沟切割,岩体大部裸露。岩性为中奥陶系马家沟组下段第一、二层及亮甲山组地层,亮甲山组岩性为白云质灰岩,厚度大但普遍含燧石结核具有活性成分。第一层为泥质白云岩,灰岩、白云岩等呈薄片状,易风化。只有第二层为中厚、厚层灰岩,可作为人工砂石料源,饱和状态岩石抗压强度为 75 ~ 135 MPa,冻融损失率小于 0.06%,软化系数大于 0.8。有效储量 550 万 m³,无效体积 260 万 m³。距坝较近,施工有干扰,剥离工作量大。

右岸柳青塔石料场位于黄河下游,距坝址距离约 4 km,距黄河边 1.5 km,料场呈三面环沟的山脊,地面高程 1 085 ~ 1 186 m。地表覆盖黄土坡积物等厚 2 ~ 7 m,岩性与李家圪卜同。有效储量 300 万 m³,无效体积 55 万 m³。岩石力学性质同李家圪卜。

(三)料场方案比较与选择

工程施工所用混凝土粗细骨料采用天然的还是人工的,是料场选择中首要解决的问题之一。天然砂石料场中柳树滩淤前后滩储量不足,质量不好,尤其是冻融不符合规范要求,开采及运输条件困难,成品单价较高。大东梁砂砾料场无粗骨料,距坝址较远亦难满足工程需要,成品单价最高。

综合以上条件,该工程混凝土施工决定采用人工骨料,综合比较成果详见表 2-2。

表 2-2　万家寨工程砂石料场综合比较

序号	料场 \ 类别	天然砂砾料场			人工砂石料场			
		柳树滩	前后滩	大东梁	辛庄窝	明灯山（十八盘）	李家圪卜（坝头）	柳青塔
1	位置	黄河滩地，靠近右岸	黄河滩地	靠近左右岸	左岸	左岸	左岸	右岸
2	储量	75.1 万 m³	200 万 m³	480 万 m³	576 万 m³	1 100 万 m³	550 万 m³	300 万 m³
3	无效层体积	12.2 万 m³	52 万 m³	420 万 m³	58 万 m³	150 万 m³	260 万 m³	55 万 m³
4	质量评价	砂砾料偏细，砂含泥量 1.3%~3.9%，抗冻性能差，冻融破坏率 22.2%~62.5%	地层结构复杂，夹层多，超径块石大且多，砂含泥量 5.8%~33.5%，黏粒含量高	砂砾料偏细，缺少 80~150 mm 砾石	为中厚层，厚层岩，岩质纯	为厚层灰岩，质量好	为中厚层灰岩，1 175 m 高，程下质量较差，夹层多，量大	为中厚层灰岩，质量满足要求
5	开采条件	旱季大部分上开采，洪水时能部分水下开采	料场上已垒土成田且有水利设施；砂砾料埋藏深，开采时受黄河水影响大	为陆上开采，开采方便可靠	料集中利于开采，料场呈长型，可布置多个掌子面	料集中利于开采，施工场地开阔	料集中，距坝址近，与施工有干扰	料集中，易于开采
6	交通运输条件	距坝址约 10 km，如运料至左岸需过河	距坝址约 10 km，为施工场内道路	至坝址公路里程约 80 km，现有简易公路	距坝址 1.8~3 km，现有公路	距坝址约 6 km，现无路通坝址	距坝址最近，处约 0.5 km，现无路通坝址	距坝址直线距离 3.8 km，现公路里程约 6 km
7	推荐方案	选用左岸辛庄窝岩石料场作为人工砂石料主料源，同时选用右岸柳青塔石料场作为人工砂石料源，以满足初期及低线混凝土骨料的需要						

在确定采用人工砂石方案后,进一步对各人工砂石料场进行比较与选择,在左、右岸4个料场中选出主料场及辅助料场。

首先比较是在左岸还是在右岸。从左岸辛庄窝、明灯山两个料场与右岸李家圪卜、柳青塔两个料场比较后确认辛庄窝料场有明显的优越条件。

(1)辛庄窝料场无用层与有用层之比为1/10,李家圪卜料场为1/3,很明显二者相比辛庄窝料场弃料少,成品率高,生产成本要低得多。

(2)左岸比右岸坝头部分地形条件好,地面高程较低且较平坦,适宜主缆机的布置,主缆机及砂石混凝土系统布置在左岸比右岸要节省大量的石方开挖量和土建工程量。

(3)左岸比右岸在避免施工干扰方面亦具有利条件,这对工程工期亦有一定影响。

综上所述,选定辛庄窝石料场为主料场。由于施工期短,在施工初期还不能形成大的人工砂石系统,原考虑使用柳树滩天然砂砾石料场供施工初期使用,但经过进一步对柳树滩料场详查并做了砂卵砾石料有关试验后认为质量欠佳,尤其是抗冻指标较差,冻融损失率达22.2% ~62.5%,运输条件也较困难,需要单独修建7 km长的沿河公路,使产品成本大大提高,且供应量尚不满足施工需要,故应舍弃。

经分析,确定用柳青塔石料场取代柳树滩天然料场,柳青塔石料场储量大且临近进厂公路,在施工初期可建一个小的人工砂石系统,以供施工初期使用。砂石料经过进厂公路运输形成右岸砂石及混凝土系统下线运输线。

二、料场规划与开采

左岸辛庄窝石料场自上而下分为Ⅰ、Ⅰ′、Ⅱ、Ⅱ′四层,有用层厚度分别约为30 m、7 m、8.6 m、3.2 m。料场的Ⅰ、Ⅱ有用层岩性为中厚层、厚层灰岩、夹薄层灰岩,顶部Ⅱ′无用层为薄层泥质白云岩,质量不符合要求,应剥离作为弃料。Ⅰ′中间无用层为薄层灰岩、白云质灰岩、泥灰岩,其中还夹有一层中厚层灰岩,该Ⅰ′层力学指标能满足要求,在开采过程中可考虑与第Ⅰ有用层混合采用,不会影响骨料质量。即在料场规划设计中,第Ⅱ′无用层全部清除,第Ⅰ′无用层部分或大部分可作为有用层处理。根据料场地理位置和地形条件,规划从距离辛庄窝村约300 m处起向村外开采,在1 220 m高程修路通向粗碎车间,距离约0.7 km。将料场分为开采区和备用料区,开采区有效储量238万 m^3;无效储量约24.7万 m^3,其中Ⅱ′无用层3.4万 m^3,Ⅰ′无用层21.3万 m^3,Ⅰ′层大部分可开采使用。

右岸柳青塔石料场与辛庄窝属同层同组地质构造,层底高程略低,岩性基本相同。将该料场也分为开采区和备用料区,开采区有效储量 100 万 m^3,无效储量 22 万 m^3。在开采区拟从 1 150 m 至 1 110 m 高程分层开采,开采每层开挖台阶高度 9 m,共计 4 层。

辛庄窝石料场岩石为致密坚硬的灰岩和白云质灰岩,其矿物成分主要是方解石和白云石,石英含量为 1.3% ~ 4.3%,SiO_2 含量平均值为 2.19%。灰岩的干抗压强度平均值为 208 MPa。鉴于该工程料场岩石坚硬、抗压强度高,且岩体完整、裂隙少,采用液压钻车 2 台,孔径 89 mm,开采掌子面台段高度 12 m,由 3.3 m^3 液压挖掘机 4 台装料,配 15 t 自卸汽车运毛料至砂石加工厂的粗碎车间,平均运距约 1.2 km。右岸柳青塔采石场选用孔径 76 mm 液压钻车 1 台,开采掌子面台段高度 9 m,由 1 m^3 油动挖掘机 3 台装料,配 8 ~ 10 t 自卸汽车运毛料至砂石加工厂的受料仓,运距 1.5 ~ 2 km。

采石场的生产规模根据混凝土的浇筑强度确定:左岸根据高峰年混凝土浇筑 60 万 m^3 所需砂石骨料,并考虑冬季约 4.5 个月停产,计算出左岸辛庄窝采石场的月采运能力为 22.7 万 t。右岸根据高峰年混凝土浇筑 15 万 m^3 所需砂石骨料,并考虑冬季停产 4 个月,计算出右岸柳青塔采石场的月采运能力为 5.8 万 t。

根据选定的左岸辛庄窝和右岸柳青塔石料场以及混凝土浇筑、混凝土生产系统的要求,拟在两岸各设 1 座砂石加工厂。左岸坝头砂石加工厂毛料来自辛庄窝石料场,供应左岸高线坝头混凝土系统所需砂石骨料;右岸柳青塔砂石加工厂毛料来自柳青塔石料场,生产右岸低线混凝土系统所需砂石骨料。

三、砂石加工厂

(一)左岸坝头砂石加工厂

左岸坝头砂石加工厂生产能力按高峰年浇筑混凝土 60 万 m^3 所需砂石骨料确定,并考虑冬季停产 4.5 个月,确定砂石加工厂的处理能力为 700 t/h,实际配置的设备综合处理能力为 28 万 t/月、800 t/h。在冬季停产期间,混凝土骨料由成品堆存场供应。成品堆存场储量为 17 万 m^3,可满足 10 万 m^3 混凝土的骨料需用量。

该加工厂主要供应大坝混凝土,按四级配混凝土占 70%、三级配混凝土占 20%、二级配混凝土占 10% 计算各级碎石的需求比例和砂率,并由此确定工艺流程及配置设备。破碎产品的粒度特性按难碎硬岩石考虑。

粗碎间及预筛中碎间设在距离采石场约 0.7 km 的 1 202 m 高程台地边缘。粗碎车间设 PXZ900/150 型旋回破碎机 2 台。预筛中碎车间设 YH1836 型重型振动筛 2 台、PYB2200 型标准圆锥破碎机 2 台。粗碎、预筛、中碎的综合生产能力可达 1 200 t/h,产品粒径小于 150 mm,由皮带机栈桥堆存,堆高 54 m,毛料堆容量约 16 万 m^3。

毛料通过骨料运输线运到坝头筛洗、细碎及制砂。骨料运输线由 3 台带宽 1 000 mm 的皮带机组成,总长约 900 m,输送能力 900 t/h。筛分车间设 4 组筛分机,每组由 2 台 2YK2145 型圆振动筛配合 1 台 FC - 15 型宽堰式螺旋分级机组成。细碎设备为 PYZ2200 中型圆锥破碎机 1 台、PYD2200 型短头圆锥破碎机 2 台。细碎设备与筛分设备成闭路循环,以便调整产品级配,满足混凝土的要求。筛分和细碎车间的生产能力为 800 t/h。

经过筛洗的碎石由暂存料罐送到碎石成品堆场。堆场容量约 10.5 万 m^3,由 D10026 型摇臂堆料机堆料,堆高达 16 m。

经过筛洗的一部分小于 20 mm 的小石由皮带机送往制砂车间,制砂车间配置 MBZ2100×3600 型棒磨机 8 台、FC - 15 型螺旋分级机 8 台,制砂产量可达 200 t/h 以上。成品砂堆高 20 m,堆场容量 6.5 万 m^3,设有 2 条皮带机廊道,以增加自卸能力。

(二)右岸柳青塔砂石加工厂

右岸柳青塔砂石加工厂生产能力按高峰年浇筑混凝土 15 万 m^3 所需砂石骨料确定,碎石不加水冲洗,冬季停产 4.5 个月考虑,由此确定砂石加工厂的处理能力为 170 t/h,月处理能力为 5.8 万 t。在冬季停产期间,混凝土骨料由成品堆场供料。成品堆存场容量为 6 万 m^3,可满足 4 万 m^3 混凝土的骨料需用量。

该加工厂主要供应厂房、护坦和碾压混凝土围堰所需骨料,按四级配混凝土占 30%、三级配混凝土占 50%、二级配混凝土占 20% 计算各级碎石的需求比例和砂率,确定工艺流程及配置设备。破碎产品的粒度特性也按难碎硬岩石考虑。

破碎筛分车间设 PE600×900 型颚式破碎机 2 台、PYZ1750 型中型圆锥破碎机 2 台、2YK2145 型圆振动筛 2 台。综合生产能力 170 t/h。因毛料含泥量很少,破碎、筛分过程中不加水,仅喷雾除尘。破碎、筛分出的产品粒度小于 150 mm,由皮带机堆存,最大堆高 20 m。制砂车间配置 MBZ2100×3600 型棒磨机和 FC - 15 型螺旋分级机各 2 台,制砂产量可达 52 t/h 以上。

成品砂石料由装载机装汽车运往右岸低线混凝土系统。

(三)建厂计划

万家寨工程砂石系统土建工程量较大,尤其是左岸坝头砂石加工厂规模大、工艺复杂、机电设备多。参照国内其他工程如漫湾、五强溪人工砂石系统建厂经验,同时考虑万家寨地区冬季寒冷、气候恶劣、施工条件差等因素,预计右岸柳青塔砂石加工厂建厂时间约需 12 个月,调试 2 个月;左岸坝头砂石加工厂建厂时间约需 24 个月,调试 4 个月,共需 30 个月。

为了保证万家寨水利枢纽工程顺利建成,在工程筹建期和准备期即应抓紧砂石系统的建设。在导流工程开始前 14 个月,应进行右岸柳青塔砂石加工厂的招标建设;在大坝开始用缆机浇筑混凝土之前的二年半,应进行左岸坝头砂石加工厂的招标建设,并考虑分两期实施,第一期一年投产相当于右岸砂石系统规模,第二期全部完建。

第四节　混凝土生产系统

万家寨水利枢纽工程混凝土总量 203.47 万 m^3,其中大坝混凝土 158.16 万 m^3,厂房 20.56 万 m^3,开关站 1.07 万 m^3,其他混凝土 4.76 万 m^3,碾压混凝土围堰 8.77 万 m^3,其他临建混凝土 10.15 万 m^3。

根据混凝土施工方法、施工总平面规划和砂石料源的分布,该工程拟在左岸坝头和右岸低线各设置 1 个混凝土系统。左岸坝头混凝土系统高程在 1 010 m,供应缆机浇筑的主体工程混凝土,混凝土总量约 160 万 m^3;右岸低线混凝土系统高程在 910 m,供应坝体基础块、厂房、护坦和围堰等部位的混凝土,混凝土总量约 40 万 m^3。

一、左岸坝头混凝土系统

(一)生产规模

根据施工进度安排,工程高峰月浇筑混凝土量为 8.5 万 m^3,其中由左岸坝头混凝土系统供应 7 万 m^3。据此确定左岸坝头混凝土系统的生产能力为 210 m^3/h。为了加快施工进度,当时正在研究低热微膨胀水泥混凝土的施工方案,有可能加大浇筑仓面面积,提高小时浇筑强度。另外,4 台 20 t 缆机浇筑混凝土,如充分发挥能力,月浇筑量可达 9.6 万 m^3。考虑这个因素,左岸混凝土系统的规模可配套为 290 m^3/h。

鉴于以上情况,同时考虑到坝体多标号混凝土的需要,该系统选用 4×3 m^3 和 3×1.5 m^3 2 座拌和楼,生产能力分别为 240 m^3/h、105 m^3/h。可以满足生产常态混凝土的要求,掺加干粉煤灰生产时需延长搅拌时间,仍能够满足 290 m^3/h 的生产能力。

(二)系统布置

左岸坝头混凝土系统与左岸砂石加工厂联系在一起,共用 1 个成品堆料场。2 座混凝土拌和楼位于坝轴线下游 180 m 处,出料线轨面高程 1 010 m,混凝土运输由 6 m^3 侧卸罐车向 6 m^3 吊罐供料。4×1 000 t 粉煤灰罐设置在 1 020 m 高程,袋装水泥库和制冷厂布置在 1 025 m 高程,有对外公路接入。

(三)生产工艺流程

该系统砂石骨料由左岸坝头砂石加工厂成品堆场通过皮带机直接供应。在拌和楼前设有调节料仓,容量 7 000 m³,可满足混凝土连续生产 16 h 的需要量。调节料仓为半地下式,便于冬季骨料加热和夏季降温。

为保证混凝土质量,粗骨料在进入调节料仓之前拟进行二次筛洗。万家寨地区风沙大,若堆存时间过长,骨料的含泥量可能超标,而且碎石多次转运后,逊径尤其是小于 5 mm 的石屑将增加,设置二次筛洗可洗去碎石表面泥沙并筛除小于 5 mm 的石屑,以保证粗骨料质量。二次筛洗间设有 2YK2145 型圆振动筛 2 台,FC – 15 型宽堰式螺旋分级机 2 台,并设有专用供水泵房。筛下的石屑经过螺旋分级机脱水后,由皮带机运输堆存,必要时可用汽车运回砂石厂重新加工。调节料仓的进料皮带机输送能力 900 t/h,仓底设有 2 条皮带机分别与 2 座拌和楼的上料皮带衔接。

该系统水泥从转运站由散装水泥汽车运来,气力输入 4 × 1 000 t 水泥罐,散装水泥总容量可满足高峰期 7 d 的用量,同时还设有容量 800 t 的袋装水泥库。粉煤灰也由散装汽车运来,气力输入 2 × 1 000 t 粉煤灰罐,可存高峰期 7 d 的用量。

水泥罐和粉煤灰罐均设在距拌和楼约 50 m 的 1 020 m 高程,由螺旋输送机输送,斗式提升机提升至拌和楼的水泥仓和粉煤灰仓。水泥输送能力 58 t/h,粉煤灰输送能力 21 t/h。

(四)冬季生产措施

11 月至次年 3 月,大坝混凝土继续施工,左岸坝头混凝土系统需采取冬季生产措施;拌和楼、皮带机廊道保温,调节料仓和拌和楼料仓设蒸汽排管预热骨料,加热水拌和混凝土,在露天堆料场的廊道卸料口四周设蒸汽排管解冻等。所需热负荷 285 万 kcal/h,设供热锅炉房 1 座,内装 KZG – 2 – 8 锅炉 4 台。

(五)夏季生产措施

万家寨地区为大陆性气候,夏季炎热干燥,日温差变化大,因此夏季混凝土施工宜在气温较低的傍晚和夜间进行。骨料堆存场堆高 16 ~ 20 m,从廊道口取料,使骨料避免太阳辐射,温度较稳定。

夏季混凝土月浇筑强度为 7.4 万 m³,除上述措施外,该系统设有制冷厂,生产 2 ℃冷水和 – 8 ℃片冰,同时加冷水和片冰拌和混凝土,制冷厂制冷量 220 万 kcal/h,内设 8AS17 型氨压机 6 台,BK100 – 63 型冰库 2 座,日产冰量可达 200 t。片冰由管道气力输送至拌和楼称量层,混凝土加片冰 50 ~ 60 kg/m³,可降温 7 ~

8 ℃。当7、8月高温时间出机口温度不能满足要求时,应避开日间高温时段,利用日间低温时段进行混凝土浇筑。

二、右岸低线混凝土系统

(一)生产规模

根据施工进度要求,右岸低线混凝土系统所承担的高峰月浇筑混凝土量为:常态混凝土 3 万 m³,碾压混凝土 2 万 m³。配置 3×1.5 m³ 拌和楼 1 座,生产能力 105 m³/h,可满足生产常态混凝土、碾压混凝土以及掺加粉煤灰等要求。

(二)系统布置

该系统设在右岸大坝与下游黄河桥之间的进厂公路边上,拌和楼距坝轴线 560 m,距下游桥 720 m。系统布置时考虑了 2 个方案,方案一将系统布置在山崖边上,进厂公路靠近黄河侧;方案二将系统设在靠黄河一侧,进厂公路在山崖边。方案一的优点是拌和楼、水泥罐、粉煤灰罐及骨料调节料罐等主要建筑物均可设置在基岩上,施工工程量小,经济可靠;缺点是黄河岸边的填方场地如后期对发电尾水有影响,需要拆除,则系统区段内的进厂公路需改建。方案二的优点是后期填方场地的拆除对进厂公路无影响,不需要改建;缺点是拌和楼、料罐等建筑物在填方基础上,处理工程量很大。经分析比较,选定方案二为系统布置方案。

(三)生产工艺流程

该系统砂石骨料由右岸柳青塔人工砂石加工厂运来,卸入受料坑。为保证混凝土质量,骨料在进入成品料罐前进行二次筛洗。筛下小于 5 mm 的石屑作为弃料。筛上成品料进入 6×1 000 m³ 骨料罐储存,经皮带机向拌和楼供料。水泥考虑袋装,人工拆包后经螺旋输送机、斗式提升机进入 2×500 t 水泥罐,再经罐底的螺旋输送机送入拌和楼。粉煤灰由散装罐车运输,气力送入 300 t 粉煤灰罐,再经螺旋输送机送入拌和楼。

(四)冬、夏季生产措施

右岸低线混凝土系统冬季生产需满足 1 万 m³ 的月浇筑强度,采取拌和楼、皮带机廊道保温措施;同时需在成品料罐和拌和楼料仓内设蒸汽排管预热骨料;加热水拌和混凝土。共需热负荷约 112 万 kcal/h,设低线锅炉房 1 座,内装 KZG-2-8 锅炉 2 台。

夏季混凝土生产需满足 2 万 m³ 的月浇筑强度,除在骨料罐下取料,避免阳光直接辐射等措施外,该系统设有制冷厂,生产 2 ℃冷水和 -8 ℃片冰拌和混凝土,设 BK50-35.5 型冰库 1 座,日产冰量可达 50 t,混凝土加片冰约 50 kg/m³。制冷厂配置 8AS12.5 型氨压机 4 台,总制冷量可达 84 万 kcal/h。

第五节　施工供风、供水、供电及通信系统

一、施工供风系统

万家寨工程枢纽、开关站石方开挖和坝体混凝土浇筑以及混凝土生产系统需用压缩空气。采石场采用液压顶锤型钻机,无需另建压缩空气站。

该工程枢纽石方明挖量约 86.9 万 m^3,开关站石方开挖量约 22.8 万 m^3,其中包含 1 万 m^3 石方洞挖,石方总开挖量合计 109.7 万 m^3。开挖程序是由上往下由坝肩到基坑逐层开挖,先左岸后右岸。开挖基本完成后,进行坝体混凝土浇筑。由于河谷较宽,左、右岸需分建压缩空气站。

(一)左岸坝头压气站

左岸坝肩、基坑及护坦石方明挖量约 21.9 万 m^3,施工期约 9 个月,高峰月开挖量 3.1 万 m^3,需要风量约 80 m^3/min,左岸压气站配置 5 台 20 m^3/min 的空气压缩机,总容量 100 m^3/min,其中 1 台备用。

(二)右岸坝头压气站

右岸坝肩、基坑、厂房基础和开关站石方明挖量约 87.8 万 m^3,施工期 15 个月,高峰月开挖量 5.6 万 m^3,需要风量约 140 m^3/min。右岸压气站配置 3 台 40 m^3/min 的空气压缩机,2 台 20 m^3/min 的空气压缩机,总容量 160 m^3/min,其中 1 台 20 m^3/min 的空气压缩机备用。

(三)左岸混凝土系统压气站

左岸水泥卸车和拌和楼用风量约 40 m^3/min,安装 5 台 10 m^3/min 的空气压缩机,其中 1 台可用低压空气压缩机,专供水泥及粉煤灰卸灰用。

(四)右岸混凝土系统压气站

右岸散装水泥及粉煤灰卸灰和拌和楼用风量约 12 m^3/min,安装 6 m^3/min 的空气压缩机 3 台,其中 1 台备用。

二、施工供水系统

万家寨工程供水范围包括人工砂石筛洗用水、混凝土拌和用水、坝体施工用水、其他施工企业生产用水及整个工地的生活用水,总供水能力 3 200 m^3/h。

该工程地处高原缺水地区,地下水源缺乏,工程用水量较大,决定选用黄河水作为供水水源。因黄河水含泥沙量较高,尤其在汛期已属高浊度水范畴,故需混凝沉淀处理以满足水质要求。

　　根据施工总布置,施工企业及生活区为两岸结合式布置,用水点高差最大达350 m,为减少土建工程量及方便运行,采用单级高扬程供水。该供水系统包括左岸河滩地水处理厂、山上各储水池、相应供水泵站以及输水管线。

(一)左岸河滩地水处理厂

　　水厂生产用水处理工艺采用机械加速澄清池进行一级混凝沉淀处理以满足生产用水水质要求,出水浊度小于 100 mg/L;生活用水采用一体化净水器进一步净化处理,以满足饮用水标准,出水浊度小于 3 mg/L。

　　在坝址下游左岸布置取水泵站,高程 895.5 m,取水量 3 400 m³/h,配备 5 台 S350-26A 型单级双吸离心泵,其中 2 台备用。抽取黄河水进配水加药间,由移动式堰板分配原水至 4 座机械加速澄清池,配水的同时进行加药混合;配水加药间也可直接将吸水池排淤废水排入河道。冬季河水含沙量很低时可由阀门控制经冬季超越管线将原水直接送入 2×1 000 m³ 生产水池。机械加速澄清池对配水加药间的来水进行第一、二次反应,然后在分离室进行澄清处理,出水水质可满足生产用水要求,沉淀的泥沙由刮泥机排至池底部中心的排泥坑,由快开阀控制排入河道,排泥耗水量 200 m³/h,澄清池出水自流进入 2×1 000 m³ 生产清水池。

　　一级加压泵站从清水池内吸水,经水泵加压后分成 4 条管线分别供左岸高线生产水池、右岸高线生产水池、左右岸低线生产水池和净水器处理用水。

　　生活用水采用 4 台 JS-Ⅱ2400 型一体化净水器进一步净化处理,经混凝沉淀及过滤工艺满足生活用水的浊度要求,再经加氯消毒满足饮用水标准后进入 1 000 m³ 生活清水池。一级加压泵站从该清水池内吸水,经水泵加压后分成 4 条管路分别送至左岸高线生活水池、右岸坝头高线生活水池、右岸柳青塔生活水池和左右岸低线生活水池。

　　生产、生活水处理均需投加混凝剂沉淀,故设有配药间对药剂进行储存、溶化、水解等处理,以满足不同含沙量对不同药剂、不同投加量的需求,该水厂处理过程中主要使用聚丙烯酰胺和碱式氯化铝两种药剂。

(二)泵站及水池

　　二次筛洗用水由左岸高线生产水分流 440 m³/h 进入设在 1 040 m 高程的 2 座 1 000 m³ 水池,经过设在 1 038 m 高程的二次筛洗泵站加压供筛洗用水;粗碎及料场用水也由该泵站送到 1 218 m 高程的 200 m³ 水池。另一部分水由 2×1 000 m³ 水池自流供混凝土拌和楼、制冷系统、钢管加工厂等用水点。

　　左岸砂石厂筛洗用水由左岸高线生产水管输水至设在 1 035 m 高程的 4 座 1 000 m³ 水池,经设在 1 035 m 高程的砂石厂泵站加压送至筛分楼冲洗骨料。制砂用水量 720 m³/h,筛洗废水经 2 台 2FC-15 型螺旋分级机回收细砂后流入

2 座机械加速澄清池沉淀处理,回收水量 400 m³/h,自流进入 4×1 000 m³ 水池循环使用。

左、右岸低线生产用水由一级加压泵站送水至右岸 955 m 高程的 500 m³ 水池,自流供右岸拌和系统、二次筛洗车间、坝体施工及其他生产用水点。

左、右岸高线生活区用水由一级加压泵站直接将水送至高线 3 个生活区附近的高位水池:左岸生活区高位水池 2×1 000 m³,设在 1 120 m 高程;右岸坝头生活区高位水池 2×500 m³,设在 1 125 m 高程;右岸柳青塔生活区高位水池 2×500 m³,设在 1 120 m 高程,向各高位水池供水是由池内液位计控制一级加压泵站内的生活供水泵,以保持水池水位满足要求,各处生活用水均自流供给。

左、右岸低线生活用水由一级加压泵站送水至右岸 955 m 高程的 200 m³ 水池,自流供左、右岸低线生活用水。

辛庄窝生活区生活用水由设在 1 119 m 高程的加压泵站供到生产区旁 1 215 m 高程的 200 m³ 水池,由水池自流供各个生活用水点。

万家寨工程施工供水系统共 4 座泵站,水泵总功率 4 615 kW,其中备用水泵功率总计 1 260 kW。系统水池总容量 16 400 m³,其中生产水池总容量 11 200 m³,生活水池总容量 5 200 m³。其主要技术指标及水泵统计详见表 2-3 及表 2-4。

三、施工供电系统

(一)施工电源

为满足万家寨水利枢纽工程施工用电和枢纽建成后作为电站厂用备用、大坝防汛、生活区以及综合利用等用电电源的需要,工地兴建 1 座 110 kV 施工变电站,变电站按一般降压变电站标准设计和建设。工程施工用电总容量 27 637.8 kW,选用 2 台 12 500 kVA 变压器供施工用电,变压器容量为施工最高负荷的 72%。考虑到电站厂用电有 6 kV 等级用电负荷和施工总用电容量中也有 8 560 kW 电压等级为 6 kV 的负荷,变压器低压侧选用 6 kV 电压,母线采用单母线分段,对于较大容量的负荷点分别从两分段母线上供电,其他负荷点仅从一段母线供电。

该变压器由高压侧(220 kV)具有 2 个以上独立电源的准格尔地区变电站的中压侧(110 kV)引一回电源作为施工供电工作电源,供电距离 50 km 左右。为了保证在线路故障或检修时正常供电,还需从山西侧引一回施工备用电源。另外,为确保基坑排水、混凝土浇筑以及一些重要部门如通信、医疗、生活等用户的正常供电,还设置了 6×200 kW 柴油发电机组作为工地保安自备电源。

表 2-3　万家寨工程施工供水系统主要技术指标

项目	指标	项目	指标
总供水能力	3 200 m³/h	总用电负荷	4 900 kW
生产供水能力	2 800 m³/h	备用负荷	1 300 kW
生活供水能力	400 m³/h	生产人数	90 人
建筑面积	1 400 m²	管线总长度	15.5 km

表 2-4　万家寨工程施工供水系统水泵统计

泵站	水泵型号	流量（m³/h）	扬程（m）	功率（kW）	台数	总功率（kW）	用途
取水泵站	S350 - 26A	1 130	21	90	5	450	取水
一级加压泵站	D450 - 60 × 3	550	162	360	5	1 800	左岸高线生产
	D155 - 30 × 10	155	280	225	3	675	左右岸高线生活
	D250 - 65	485	65	135	2	270	左右岸低线生产
	D150 - 78A	140	60	55	1	55	左右岸低线生活
	ZS150 - 125 - 250A	220	13	15	3	45	供净水器
	D280 - 43 × 5	280	180	300	1	300	右岸高线生产
	D85 - 45 × 6	85	280	100	1	100	右岸下游生活
砂石厂泵站	S150 - 78A	180	50	55	5	275	筛分楼冲洗
	S250 - 65	612	56	135	2	270	制砂用水
二次筛洗泵站	S150 - 78A	180	50	55	3	175	二次筛洗
	D85 - 45 × 5	85	250	100	2	200	供料场等处
合计					33	4 615	

薛家湾转运站电源由准格尔地区变电站引接。

（二）施工网络

施工设备电压大部分为 380/220 V，也有近 1/3 的 6 kV 电压施工负荷，给这些设备及负荷点配电采用 6 kV 配电网络。

根据施工负荷点在施工总布置中的分布，共规划 14 回 6 kV 输电线路，其中右岸 4 回，左岸 8 回，输电线路总长 22 km，其中电缆线路 4 km。

考虑到施工负荷点分布范围广，采用开式网络由一条干线分支引至用电点。由于用电点负荷较大，而 6 kV 电压输送容量一般在 100～1 200 kW 且在 4～15 km 范围内，该工程主要采用单回线供电，双架线分别接至施工总变电 6 kV 不同分段母线上。这样，不但解决了输送容量不足的问题，也提高了供电的可靠性，如对左岸人工砂石系统、缆机系统、左岸混凝土系统、供水系统负荷点的供电。对于单回线供电的重要负荷点，装设工地自备电源，确保可靠供电，如对基坑排水、混凝土浇筑、左右岸及柳青塔生产区负荷点的供电。右岸混凝土系统负荷点，采取与取自不同分段母线的右岸压气站、开关站负荷点在低压侧联络的方式提高供电可靠性。

供施工期间使用的总变电站以下的高、低压电气设备，一般在施工完毕后即行拆除。因此，在配电设备布置选型上力求做到节约投资，如尽可能将变压器布置在室外，变压器高压侧装设跌落式熔断器，高、低压配电屏选用价格较低的设备产品等。

根据负荷点分布，万家寨水利枢纽工程右岸规划 8 个低压配电点，左岸规划 4 个高压配电点、12 个低压配电点。施工供电系统主要设备见表 2-5。

表 2-5　万家寨工程施工供电系统主要设备

序号	名称	规格型号	数量	备注
1	架空线路	6 kV、LGJ－70	24 km	
2	电缆线路	6 kV、YJLV3×95	6 km	
3	配电变压器	SL_7－200/6，200 kVA 1 台，315 kVA 4 台	21 台	500 kVA 6 台；630 kVA 3 台；800 kVA 3 台；1 000 kVA 4 台
4	柱上油断路器	DW5－10（G）10 kV 200 A	7 台	
5	高压配电柜	6 kV，GG－1A、GC2F	38 面	GG－1A24；GC2F14
6	低压配电盘	0.4 kV、GGL_2、PGL－2	111 面	GGL_2，13；PGL－2，98
7	柴油发电机组	200GF－1 0.4 kV 200 kW	6 台	
8	低压配电线路	LJ－70，LJ－50	90 km	含公路照明 32 km

四、施工通信系统

(一)工地对外通信

施工期间,建设万家寨至薛家湾数字微波线路工程,作为施工对外通信,工地交换机中继线可以直接通过微波与薛家湾邮局汇接联网进入大同路,另外需请当地邮电管理部门在万家寨设置邮电局,工地交换机与地方邮电局电话中继联接通过转借对外联系。根据万家寨工程管理情况,建议架设 2 对 7/1.8 钢芯铝绞线由万家寨至偏关县电信局中转作为对外通信,此架空线路和微波线路施工完成后,留作永久对外通信。防汛通信拟采用无线电台。

(二)工地内部通信

由于万家寨工程施工区布置分散,若集中设电话站,势必增加线路工程,使投资增加,此外线路电阻过大,易直接影响通信质量,因此宜分散建电话站。在行政管理比较集中的左岸生活区,设置 JZH2 – 4G 型 360 门纵横制自动交换机 1 台,在距离工地较远的柳青塔生活区,设置 JZH2 – 4G 型 90 门交换机 1 台,2 台交换机以中继线相连接,对外通信中继线与左岸交换机接口,形成多局制电话系统,以满足全工地行政及生活管理通信的需要,并可作为生产调度的补充。在生产调度中心,设置 DT – 80D 调度总机 1 台作为直接指挥调度各岗位生产用。此外,根据"迅速准确安全与方便"的原则,在左岸设无线通信基地台 1 座,选择 30 部无线电话机,形成无线通信网,供游动作业区等通信联系,无线通信网应与工地有线通信联网,其工作频率应避免与该地区无线电设备的干扰。

(三)通信电源

在左岸电话站设置 DUZ01,75 A/60 V 型通信组合电源 1 套,设两组 200 Ah 免维护铅酸蓄电池,供交换机用电,生产调度总机和无线电基地台可直接接至施工交流电源;在柳青塔电话站设置 DUZ01,30 A/60 V 通信组合电源 1 套,80 Ah 免维护铅酸蓄电池 1 组,作为柳青塔电话交换机的供电电源。

施工用电的两路交流电源作为通信设备的主供电源两路交流电互为备用,能自动切换,当交流电断电时,能自动切换到蓄电池给交换机供电,确保通信畅通无阻。

(四)施工通信系统

施工通信系统主要设备及材料详见表 2-6。

表2-6　万家寨施工通信系统主要设备及材料

序号	名称	型号	用量	备注
1	纵横制自动交换机	JZH2-4G,360门	1套	
2	纵横制自动交换机	JZH2-4G,90门	1套	
3	无线通信基地台		1部	
4	铁塔	自立式	1座	
5	无线电话机		30部	
6	生产调度总机	DT-80D,80门	1套	
7	通信组合电源	DUZ01,75 A/60 V	1套	左岸电话站
8	通信组合电源	DUZ01,30 A/60 V	1套	柳青塔电话站
9	蓄电池	免维护铅酸蓄电池200 Ah	2组	
10	蓄电池	免维护铅酸蓄电池80 Ah	1组	
11	自动电话机	HZ-1	500部	
12	共电式电话机	HG-1	90部	
13	架空明线路	2对7/1.8钢芯铝绞线	35 km	万家寨—偏关
14	微波工程	数字微波工程	1套	万家寨—薛家湾
15	电缆线路	HYV×0.5×30	20 km	施工区干线架空敷设
		HYV×0.8×10	10 km	施工区干线架空敷设
		HYV×0.5×20	20 km	施工区干线架空敷设
		HYV×0.8×5	20 km	施工区干线架空敷设
		HYV$_2$×0.5×20	10 km	

第六节　修配及综合加工厂

一、机械修配厂

万家寨工程施工期间需用挖掘机、推土机、装载机、破碎机、筛分机、胶带输送机等工程机械,这些机械的维修量很大。鉴于工程工期不太长,工地距离城市较近,且有公路相通,坝址距准格尔煤田所在地薛家湾为 60.91 km,距山西省朔县(现为朔州)148.8 km。工程拟采取分项招标,由多个承包商负责施工,因此万家寨工程不设集中的大型机械修配厂。工程机械的大修理业务可以外协委托,在工地仅设置机械维修站或车间。主要有:

(1)辛庄窝采石场机械维修站;

(2)左岸坝头砂石混凝土系统机修车间;

(3)左岸坝头混凝土浇筑机械维修站;

(4)右岸开挖机械维修站;

(5)右岸柳青塔砂石厂机修车间。

二、汽车保养站

万家寨工程施工期需用各种车辆 296 辆,其中坝基开挖出渣和混凝土浇筑用 12～20 t 自卸汽车约 77 辆,辛庄窝采石场用 15 t 自卸汽车 40 辆,柳青塔砂石厂 8～12 t 自卸汽车 36 辆,散装水泥运输车 35 辆,场内外运输物资汽车 80 辆,以及中小型汽车约 30 辆。

鉴于工地条件较差,距离城市较近,上述各类汽车的大修和总成修理业务适宜外协,即在工地不设大型汽车修理厂,而是根据维修工作的需要,在各工点驻地设置汽车保养站或车间,有条件时也可承担部分中修更换总成的任务。拟设汽车保养站或车间的地点有:

(1)辛庄窝采石场汽车保养站;

(2)柳青塔砂石厂汽车保养车间;

(3)左岸汽车维修站(主要负责散装水泥车和一般客货车的维修);

(4)坝基开挖和浇筑用汽车维修站(在柳青塔);

(5)薛家湾转运站汽车保养站。

三、钢筋加工厂

万家寨工程钢筋总用量约 21 740 t,其中坝体 6 635 t,混凝土的平均含筋率为 4 kg/m³;厂房和升压变电站用钢筋 4 345 t,平均含筋率 26.4 kg/m³。根据施工进度初步安排,高峰月浇筑混凝土 7.5 万 m³ 时,月需用钢筋制品约 479.2 t,要求钢筋日加工量为 25 t/d,由此确定钢筋加工厂生产能力为 15 t/班,每日两班生产。分左、右岸布置。

四、木材加工厂

万家寨工程需用木材约 32 191 m³,主要以锯材为主,混凝土的锯材耗用量为 0.014 m³/m³,比以往工程略低。高峰月浇筑混凝土 7.5 万 m³ 时,月需用锯材约 1 050 m³,考虑生产不均匀和其他需用木材增加系数,高峰期间日用材量为 70 m³,由此确定木材加工厂生产能力为 30 m³/班,每日两班生产,高峰期开三班。分左、右岸布置。

五、混凝土预制构件厂

该工程混凝土预制件约 4 000 m³,大部分为坝体拱型廊道、厂房吊车梁等,预制构件生产能力 10 m³/班,每日一班制生产,工厂自备混凝土搅拌和浇筑设备,砂石骨料由右岸或左岸砂石加工厂供给。

混凝土预制构件厂可与钢筋加工厂、木材加工厂组建为综合加工厂,也可单独设置。

六、钢管加工厂及金属结构拼装场

该工程安装闸门、拦污栅、埋设件等金属结构约 4 910 t,启闭机械 30 台约 1 755 t,钢管制安 4 263 t,拟在左岸坝头设置钢管加工厂,兼作金属结构拼装场。场地面积 12 000 m²,月平均制安 230 t,钢管加工厂日生产能力 12 t/d,每日一班生产。

七、其他

该工程不设制氧厂,内蒙古薛家湾准格尔煤田有氧气厂,可供该工程用氧。

该工程混凝土掺合料为电厂静电除尘收集的粉煤灰,采购运来可直接掺用,因而无需设置掺合料加工厂。

第三章　黄河沙坡头水利枢纽施工工厂设计

第一节　枢纽工程概况

一、工程位置及任务

黄河沙坡头水利枢纽位于宁夏回族自治区中卫县境内的黄河干流上,其上游 12.1 km 为拟建的大柳树水利枢纽,下游 122 km 为青铜峡水利枢纽。工程区距银川市 200 km,距中卫县 20 km。沙坡头水利枢纽是以灌溉、发电为主的综合性水利枢纽,北靠腾格里沙漠,南界香山,东西长约 105 km,分布于黄河一、二级阶地上,总土地面积 250 亩(1 亩 =1/15 hm², 下同)。包兰铁路和石营公路从枢纽北侧通过,枢纽北侧3 km 为沙坡头火车站,下游 12 km 为迎水桥火车站,对外交通十分便利。

沙坡头水利枢纽位于黑山峡河段出口,宁夏南部中卫县境内,其主要任务是解决卫宁灌区无坝引水的问题。它的建设可提高卫宁灌区引水保证率,消除大引大排现象,节约黄河水资源,改善灌溉和当地生态环境。同时,开发河段的水能资源,为当地提供电力资源,促进工农业及相关产业发展。

河床电站装机 4 台单机容量 29 kW,总装机容量 116 kW。北干渠渠首电站装机 1 台 3.1 kW,南干渠渠首电站最终装机 2 台 2.4 kW,近期先安装 1 台机组运行发电。枢纽电站保证出力 51 MW,多年平均发电量 6.06 亿 kW·h,其中河床电站为 5.95 亿 kW·h,两岸渠首电站为 0.11 亿 kW·h。

沙坡头工程施工导流采用明渠导流方式,施工总工期 3 年 9 个月,工程静态投资 110 883.7 万元,工程总投资 118 463.8 万元。

二、枢纽简介

黄河沙坡头水利枢纽是以灌溉、发电为主的综合性水利工程。总库容 0.26 亿 m³,装机容量 121.5 MW,总灌溉面积 134.3 万亩,属大(2)型工程。主要建筑物如泄洪闸、河床电站等按 3 级建筑物设计,其他次要建筑物按 4 级设计。正常蓄水位 1 240.5 m,设计洪水位 1 240.5 m,校核洪水位 1 240.8 m,汛期限制水位 1 240.5 m,死水位 1 236.5 m。设计洪水标准为 50 年一遇,相应洪峰流量为 6 550 m³/s;校核洪水标准为 500 年一遇,相应洪峰流量为 7 480 m³/s。

枢纽布置采用左岸河床电站、右岸 6 孔泄洪闸方案。枢纽建筑物从左至右依次为土石副坝、北干渠及渠首电站、河床式电站、隔墩坝、泄洪闸和南干渠及渠首电站。河床主坝总长 338.45 m,副坝长 529.2 m,主副坝总长 867.65 m。主坝坝顶设有交通桥和门机工作桥,交通桥通车道宽 7.5 m,以保证电站清污和坝顶交通互不影响。

河床左岸为河床式电站,共有 4 个坝段,每个坝段宽均为 25.7 m,总宽 102.8 m。每个坝段的右侧布置电站机组流道,左侧布置排沙孔。

河床电站北侧为北干渠渠首电站坝段,宽 18 m。坝段右侧布置北干渠渠首电站机组流道,左侧布置北干渠泄水孔。泄水孔的作用是保证干渠电站停止运行时,干渠引水不受影响。北干电站尾水渠接北干渠,跨导流明渠与原美利渠相接。北干渠灌溉设计引水流量为 50 m³/s。

北干渠渠首电站安装 1 台直径为 3 m 的灯泡贯流式水轮发电机组,单机容量 3.1 MW。北干渠渠首电站以北为主安装场坝段。安装场坝段为挡水坝段,安装间布置在坝下游侧,宽 25 m。安装场坝段以北为主、副坝连接坝段,宽 15 m。坝段上、下游分别设混凝土挡墙,与副坝的混凝土防渗墙相交搭接形成防渗整体。该坝段下游侧布置有 GIS 开关站。

主、副坝连接坝段以北至左 0 +675 m 为土石副坝,坝顶宽 10 m,上、下游坝坡分别为 1:3 和 1:2.5,最大坝高 15.1 m,坝体全长 529.2 m。土石副坝坝体为砂砾石填筑的均质坝,混凝土塑性心墙防渗。

河床电站为隔墩坝段,宽 26 m,隔墩坝为主厂房的一部分,布置有副安装场和副厂房,其上、下游方向均布置混凝土纵向导水墙,以减轻泄洪水流对电站运行的影响。河床电站安装 4 台灯泡贯流式水轮发电机组,单机容量 29 MW。主厂房宽 24.5 m,高 24.44 m,副厂房宽 14.04 m,最大坝高 37.8 m。

电站坝段排沙孔进口尺寸为 2.5 m×3.5 m(宽×高);出口尺寸为 2.5 m×2.0 m(宽×高),单孔泄量在 41.19 ~ 68.69 m³/s,水流直接进入电站尾水渠。

隔墩坝南侧为泄洪闸坝段,共 6 孔,每孔宽 19 m,6 孔总宽 114 m。为开敞式驼峰堰,采用弧形闸门控制。

泄洪闸以南为南干渠渠首电站、安装间及右坝肩坝段,渠首电站宽 24.65 m,坝段内右侧为电站机组流道,左侧为南干渠泄水孔和排沙孔。右坝肩及其下游设有宽 7 m 的上坝公路,通往渠首电站厂区,连接枢纽右岸的进厂公路。南干渠渠首电站安装 2 台单机容量 1.2 MW 的轴伸式水轮发电机组和一个泄水排沙孔。泄水排沙孔一个进口分两个出口,一个出口接主河道,另一个出口接南干渠。南干渠是将原羚羊角渠改建并与七星渠相接后形成的。南干渠灌溉引水流量近期为 12 m^3/s,远期为 48 m^3/s。

主变压器布置在河床式电站主厂房下游高程 1 237.3 m 平台上,两机一变,共 3 台。其中,南、北干渠渠首电站共用 1 台变压器。GIS 开关站布置在左岸下游侧,紧靠主安装间,占地尺寸为 32.8 m×10.8 m,场地高程 1 237.3 m。

枢纽左岸布置有上坝公路和进厂公路,并通至生产管理区及石营公路,枢纽右岸亦布置有上坝公路和通往南干渠渠首电站的进厂公路,通过坝顶交通桥连接左、右岸交通。

三、气象与地质

沙坡头水利枢纽以上流域地处大陆腹地,受大陆西风气流控制,呈现大陆性气候特征。春季短且干旱多风;夏秋季雨水相对集中;冬季干燥,严寒而漫长,降水量少,沙尘日数多,盛行西北风。该区气温日差较大,无霜期短,降水量少,蒸发量大。多年平均气温 8.6 ℃,多年极端最高气温 37.6 ℃,多年极端最低气温 -29.2 ℃,夏季各月平均气温在 20 ℃以上,夏季最高月平均气温(7 月)22.5 ℃,冬季最低月平均气温(1 月)-7.8 ℃。多年平均降水量 183.3 mm,年平均水面蒸发量 1 887 mm。坝址区大风和风沙多发生在 4 月,最大风速 34 m/s。

库区内河道弯曲,从供水一所经小湾、大湾至沙坡头Ⅲ坝址,河道呈"S"形,库区河道平均坡降 0.8%。库尾至供水一所为黑山峡峡谷,河谷形态呈"U"形谷。相对地形高差 100~300 m,属侵蚀、剥蚀中低中山峡谷地貌。供水一所至坝址间为山前洪积台地,河谷形态呈不对称"U"形谷。库区黄河两岸阶地发育。坝址区左岸分布Ⅰ级阶地;大湾至坝址间右岸普遍发育有黄河Ⅲ级阶地,两岸阶地发育不对称,反映了黄河自形成以来多次摆动改道。区内冲沟发育,其中较大的有冰沟、长流水沟、关沟、小口子沟等。除冰沟和长流水沟常年有水外,其余冲沟平时干涸,仅在降雨后形成暂时性水流。库区内出露的地层为寒武系、泥盆系、石炭系、第三系和第四系,河床坝基基岩主要为石炭系泥岩、页岩等软岩。

第二节　施工工厂设施

沙坡头工程施工工厂设施包括砂石加工系统、混凝土生产系统、施工供风系统、施工供水系统、施工供电及通信系统以及修配及综合加工厂等。

砂石料采用马坊滩砂砾料场并利用导流明渠开挖砂砾料,砂石筛分厂处理能力 350 t/h,两班制生产。混凝土生产系统设计生产规模 105 m³/h,选用拌和楼及拌和站各 1 座,铭牌总生产能力 165 m³/h,三班制生产。

施工供风系统中工程开挖供风容量 27 m³/min,混凝土生产系统供风容量 60 m³/min。供风总容量 87 m³/min。施工供水系统水源为黄河岸边地下水结合渗槽取水,总供水规模 1 100 m³/h,其中生产供水规模 1 000 m³/h,生活供水规模 100 m³/h。工程施工用电总负荷 5 888 kW,变电站总容量为 6 300 kVA,采用 2 台 3 150 kVA 变压器。施工通信设置初装容量 200 门,最终可扩容至 1 000 门数字程控交换机 1 台,并经改造可作为永久通信设备,采用光纤通信方式。

修配及综合加工厂设置:钢筋加工厂生产能力 40 t/班;木材加工厂生产能力 20 m³/班;混凝土预制厂生产能力 40 m³/班;机械保修厂年保修劳动量 10 万工时;汽车保养厂年保养劳动量 20 万工时。钢筋、木材加工厂为每日两班制生产,其余均为一班制生产。

沙坡头工程施工工厂设施技术指标详见表 3-1。

表 3-1　沙坡头工程施工工厂设施技术指标汇总

序号	名称	规模	日班制	劳动力人数(人)	电动设备功率	油动设备功率(kW)	生产用房(m²)	占地面积(m²)	备注
一	毛料采运	350 t/h	二	80		4 460	100	200 000	
二	砂石筛分厂	350 t/h	二	160	1 800 kW		500	70 000	
三	混凝土系统								
1	拌和楼、站	165 m³/h	三	30	220 kW		144		
2	制冷系统	1 400 kW	三	10	610 kW		480		
3	预热系统	2 100 kW	三	8	60 kW		135	18 000	
4	水泥系统	1 720 t	三	26	420 kW	1 514	355		
四	施工供水系统	1 100 m³/h	三	30	470 kW		480	15 000	
五	压缩空气站	27 m³/min	三	6	225 kW				不计混凝土

续表 3-1

序号	名称	规模	日班制	劳动力人数（人）	电动设备功率	油动设备功率（kW）	生产用房（m²）	占地面积（m²）	备注
六	钢筋加工厂	40 t/班	二	80	(69 + 567)kVA	126	1 000	12 000	工棚均500
七	木材加工厂	20 m³/班	二	60	68 kW	126	1 500	10 000	
八	混凝土预制厂	40 m³/班	一	30	24 kW	203	500	11 000	
九	机械保修厂	10 万工时/年	一	40	24 kW	203	1 000	10 000	
十	汽车保养厂	20 万工时/年	一	70	(46.5 + 24.4)kVA	27	1 500	15 000	

第三节　砂石加工系统

一、料场的比较与选择

沙坡头水利枢纽工程共需浇筑混凝土总量约 50 万 m³，砂石料需要量为 110 万 m³。坝址区可供选择的天然砂石料场有营盘水天然砂料场和马坊滩砂砾料场，另有导流明渠开挖弃料场。

（一）马坊滩砂砾料场

该料场位于坝址左岸的 I 级阶地上，在勘探面积 16.5 万 m² 范围内的砂砾料总储量 60 多万 m³，该地段地形平坦，表层有 0.5 ~ 4.3 m 厚的风积砂和耕植土，有用层厚度 2 ~ 5 m。砾石磨圆度好，大部分呈浑圆或扁圆状。砾石颗粒级配和各项物理指标均能满足技术要求。砂的细度模数和平均粒径均偏低，该料场砂砾料运距 0.3 ~ 1 km。

（二）导流明渠开挖弃料场

导流明渠的进口和出口均经过废弃的渠道，废弃渠道以外设计明渠范围内砂砾料总储量 32.18 万 m³。其中，坝轴线上游的基岩覆盖层厚度 5.7 ~ 7 m，地下水位埋深 0.9 ~ 2.2 m，砂砾料上覆无用层厚 1.5 ~ 3.5 m，砂砾料开采至基岩或渠底的总储量约 22.4 万 m³。由于地下水位埋深浅,除明渠出口段部分砾料在地下水位以上外,大多数砾料都在地下水位以下。砂的细度模数 1.55,平均粒径 0.28 mm,两项指标均偏低。该料场砂砾料运距 0.3 ~ 1 km。

(三)营盘水天然砂料场

该砂料场分布在大勺儿把沟和喇嘛沟中,产地成狭长带状,沟底平坦。有用层厚 0.5 ~ 4.3 m,属风积砂。砂的矿物成分以石英为主,砂质纯净,磨圆粒径较均一,结构松散至较紧密。其间夹少量砂土薄层,地下水埋深一般 1 ~ 2 m,局部泉水出露。料场有用层薄,不利于大型机械开采。该砂料场距坝址 76 km。

大勺儿把沟的沟长 4.7 km,宽 25 ~ 150 m。有用层厚度不稳定,厚 0.5 ~ 3.2 m,储量约 40 万 m³。砂的细度模数平均 2.17,平均粒径 0.41 mm。两项指标略偏低。

喇嘛沟的沟长 6.7 km,宽 30 ~ 200 m。有用层厚 0.5 ~ 4.3 m,储量约 50 万 m³。砂的细度模数平均值 2.05,平均粒径 0.38 mm。两项指标略偏低。

马坊滩料场开采方便,且运距较近,质量符合工程要求。该料场在现有勘探范围内的储量,不满足初设阶段 2 倍的规范要求,但马坊滩料场的料源充足,初查阶段总储量 147 万 m³,如果扩大料场的勘探范围,则完全能够满足规范所规定不小于 2 倍需要量的要求,故选择马坊滩料场作为工程的天然砂砾料场。

导流明渠与砂石筛分厂相邻,其开挖料质量符合工程要求,为节省工程造价,选择部分明渠开挖料作为工程的砂砾料源。

工程的砂砾料场共有两个:马坊滩料场和导流明渠弃料场。两个料场砂的细度模数和平均粒径均偏低。砂石筛分场设有超径破碎工艺,可使成品砂的细度模数和平均粒径有所提高。

马坊滩砂砾料场和明渠弃料场的含砂量均偏低,尚不足 20%。计入超径破碎后,最终获得的砂料量仍不能满足工程所需,因此不足的砂料量需由天然砂补充。营盘水天然砂的质量满足工程要求,料场的总储量为 90 万 m³,满足初设阶段工程需砂量 2 倍的规范要求,故选择营盘水天然砂料场作为天然砂料料源。

二、料场规划与开采

工程前期采用导流明渠的砂砾料,不足的砂砾料由马坊滩料场补充。明渠砂砾料的有用量可能会随着施工的实际情况而有所变化,马坊滩料场的开采量也会随之调整。导流明渠预计开采 32 万 m³;马坊滩料场的开采量以砾石需求量作控制,根据天然级配和超径破碎工艺,开采该料场 53 万 m³ 可满足工程砾石的需求。工程总的需砂量 25 万 m^3，导流明渠的砂砾料可获得砂料约 4 万 m^3，马坊滩料场可获得砂料约 4.2 万 m^3，两个砂砾料场共可获得砂砾料 8.2 万 m^3，还需要从营盘水砂料场补充 16.8 万 m^3 的天然砂料。

导流明渠的开挖不属于料场的开采范围，故此不考虑导流明渠砂砾料的开采规划。开挖出的有用砂砾料直接运至砂石筛分厂的毛料受料仓或在其附近堆存。堆存场地将占压马坊滩料场，所占压的料场部分清理干净后方可开采。

马坊滩料场初设阶段的勘察面积为 16.5 万 m^2，该地段位于砂石筛分厂的西侧并且与之相连，故首先开采料场的东部，以由东至西的顺序逐渐开采，可使运距由近及远，经济合理。

马坊滩料场的地下水位埋深浅，大部分为水下开采，故采用 3 m^3 反铲挖掘机采挖经过堆料沥水，再由 2 m^3 装载机装 15 t 自卸汽车运至砂石筛分场的毛料受料仓。

马坊滩料场的覆盖层为 0.5 ~ 4.3 m 厚的风积砂和耕植土，水上部分覆盖层的剥离采用推土机集料，2 m^3 装载机装 8 t 自卸汽车运至弃料场；水下部分覆盖层的剥离采用 1 m^3 反铲挖掘机装 8 t 自卸汽车运至弃料场。

营盘水天然砂料场表层无覆盖，开采方法为推土机集料，2 m^3 装载机装 8 t 自卸汽车运至该料场的筛分间。

砂砾料场的采运能力按混凝土高峰月平均浇筑强度 3.5 万 m^3，并考虑冬季 4.5 个月停产，月工作 25 d，每日两班 14 h 计算，确定采运能力为 350 t/h，月采运能力 12 万 t。

三、砂石筛分厂

根据砂砾料场及混凝土浇筑、混凝土系统布置的要求，拟在左岸设 1 座砂石筛分厂，供应混凝土系统所需的砂石骨料。

砂石筛分厂处理能力按混凝土高峰月平均浇筑强度 3.5 万 m^3，每月 25 d，每日两班制生产进行设计，确定处理能力 350 t/h，月处理能力 12 万 t。根据当地气候条件，决定砂石筛分厂在冬季停产 4.5 个月，停产期间的混凝土所用骨料由成品料堆供应。成品料堆的容量为 9 万 m^3，可满足冬季停产期间混凝土所需的砂石骨料。

坝址区的地形比较平坦，考虑到砂砾料场的位置、混凝土系统的位置以及场内公路的布置，砂石筛分厂的厂址选择在马坊滩料场的东侧，场内公路以西的生产设施区内,且位于混凝土系统的东侧。砂石筛分厂和混凝土系统所在场地为回填区,高程为 1 241.5 m。

砂石筛分厂为沙坡头工程主体和临建混凝土提供砂石骨料。工程主体混凝土量约为 41.93 万 m³,其中四级配混凝土 7.66 万 m³,三级配混凝土 28.89 万 m³,二级配混凝土 5.38 万 m³。临建工程混凝土量约为 8.26 万 m³,其中导流明渠 6.91 万 m³(四级配混凝土 0.73 万 m³,三级配混凝土 5.15 万 m³,二级配混凝土 1.03 万 m³)。工程的混凝土总用量约为 50 万 m³,砂石总需用量约为 75 万 m³,其中 80～150 mm 砾石用量约 3 万 m³,40～80 mm 砾石用量约 15.9 万 m³,20～40 mm 砾石用量约 15.2 万 m³,5～20 mm 砾石用量约 15.9 万 m³,小于 5 mm 砂料用量约 25 万 m³。根据各级砾石和砂的需求比例以及砂砾料场的天然级配,确定工艺流程并配置设备。

砂石筛分厂由毛料受料仓、预筛分车间、超径破碎车间、筛分楼、中间成品料堆、成品料堆等组成。

马坊滩料场与导流明渠的砂砾料由自卸汽车运至毛料受料仓,仓顶的篦条筛去除大于 250 mm 的石料,小于 250 mm 的砂砾料由皮带机运至预筛分车间,该车间布置 1 台 YAH1842 型圆振动筛;大于 150 mm 的石料经皮带机进入超径破碎车间破碎;小于 150 mm 的砂砾料由皮带机送至筛分楼。筛分楼布置有 4 台 2YKR1437 型圆振动筛和 2 台 FG－15 型螺旋分级机。筛分机共分两组,每组分上、下两层,每层布置有 2 台筛分机且均为双层筛。上层筛的筛孔尺寸为 80 mm 和 40 mm,下层筛的筛孔尺寸为 20 mm 和 5 mm,可筛分出 80～150 mm 特大石、40～80 mm 大石、20～40 mm 中石和 5～20 mm 小石等 4 种砾石。其中部分 80～150 mm 特大石进入超径破碎车间,经过破碎后的砂石料返回预筛分车间。筛分楼最底层的螺旋分级机洗砂,筛洗后的各级砾石和砂分别由皮带机运至中间成品料堆,料堆下设有卸料廊道,由振动给料机卸料经皮带机转运至成品料堆。两个成品料堆下分别设有卸料廊道,仍由振动给料机卸料,经皮带机转运至混凝土生产系统的预热调节料仓内。

天然砂在营盘水砂料场现场设有 1 座筛分间,筛分间布置 1 台 YKR1437 型圆振动筛,其筛网尺寸为 5 mm 以去除大于 5 mm 的粗粒,小于 5 mm 的天然砂由 2 m³ 装载机装 15 t 自卸汽车从营盘水砂料场运至砂石筛分厂的天然砂受料仓,由仓底的振动给料机卸料,经皮带机直接运至成品料堆。

根据沙坡头工程特点,将砂石筛分厂和混凝土生产系统布置在一起,可共用砂石成品料堆,其平面布置详见图 3-1。

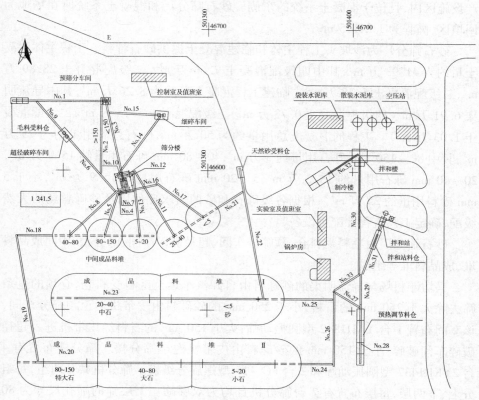

图 3-1　沙坡头砂石混凝土系统平面布置

第四节　混凝土生产系统

一、系统规模及组成

沙坡头水利枢纽工程混凝土总量约 50 万 m³,其中主体工程混凝土总量 41.93 万 m³,临建工程混凝土总量 8.26 万 m³。

高峰时段月平均浇筑强度 3.5 万 m³,夏季浇筑强度 3.0 万 m³,冬季混凝土浇筑强度 0.6 万 m³。混凝土系统按月生产 25 d,每天生产 20 h 计算,考虑各项不均匀系数,计算高峰期拌和强度为 105 m³/h。考虑夏季混凝土拌和设备能力的降低及混凝土级配标号的要求,主体和临建工程施工的需要,选用 HL115 -

3F1500A 型拌和楼和 HZS50 型拌和站各 1 座,铭牌生产能力分别为 115 m³/h 和 50 m³/h,拌和设备铭牌总生产能力为 165 m³/h。

混凝土系统由以下设施及构筑物组成:砂石骨料预热料仓、上料皮带机、混凝土拌和楼、混凝土拌和站、袋装水泥库及散装水泥罐、制冷楼、锅炉房、空压机房、混凝土实验室、值班室、外加剂间等。

二、系统位置及工艺流程

根据枢纽工程布置,将混凝土拌和系统布置在 1# 楼的西侧,和砂石筛分厂相邻布置。利用砂石筛分厂的大容量成品料堆出料后进入预热调节料仓(非预热季节由皮带机超越),在预热调节料仓旁设有锅炉房,满足冬季预热要求;皮带机由拌和楼、拌和站的骨料仓上料;水泥料罐布置在拌和楼的北侧,利用罐下喷射泵向拌和楼、拌和站的水泥料仓输送水泥;锅炉房北侧布置有实验室、值班室及外加剂间;制冷楼布置在拌和楼旁,由皮带机向楼内输送片冰;袋装水泥库和空压机房布置在散装水泥罐旁。

混凝土拌和生产工艺包括砂石上料、水泥上料、制冷、预热、外加剂投加等,砂石骨料由皮带机从预热调节料仓输送至拌和楼、拌和站的骨料仓,或在非预热季节直接从砂石筛分厂的成品料堆运至拌和楼、拌和站的骨料仓;水泥由喷射泵从散装水泥罐输送至拌和楼、拌和站的水泥料仓;夏季由制冷楼生产冷水和片冰,冷水由水泵提升至拌和楼的水箱,片冰由皮带机送至拌和楼内片冰称量斗;冬季由锅炉房向预热调节料仓输送蒸汽用以预热粗骨料,并向拌和楼供应热水用以拌制混凝土;在外加剂间内采用压缩空气搅拌各种外加剂,溶解后用耐腐蚀泵向拌和楼内输送。最后,各种原料经称量后投入搅拌机生产成品混凝土。

水泥系统中布置有袋装水泥库和散装水泥罐,袋装水泥库的容量为 220 t,散装水泥库为 3 座 500 t 水泥罐,水泥系统储存总容量为 1 720 t。散装水泥直接运至工地,气力卸入水泥罐,袋装水泥库设库房和拆包间,袋装水泥存放于库房内,在拆包间经人工拆包后将水泥倒入受料仓。该系统采用输送效率较高的 QPB 系列全自动气化喷射泵,在拆包受料仓下接 QPB1.0 型气化喷射泵将水泥送入散装水泥罐。散装水泥罐罐体为钢结构,在每个罐下各设 QPB1.0 型气化喷射泵 1 台,将水泥送入拌和楼上的水泥仓和拌和站的水泥仓内。

三、温控设施

(一)保温设施

沙坡头工程所在地区属大陆性气候,冬季寒冷,每年冬季施工期为 5 个月,即 11 月至次年 3 月,多年极端最低温度为 $-29.2\ ℃$,月平均最低气温在 1 月,为 $-7.8\ ℃$,主体混凝土施工需采取保温措施如下:

(1)拌和楼内和上料皮带机廊道用保温材料封闭保温。

(2)在预热调节料仓内安装蒸汽排管,冬季时向排管内通蒸汽加热骨料。

(3)加热水拌和混凝土。

预热调节料仓为半地下式钢筋混凝土结构,料仓上部设岩棉板保温结构,料仓总容量为 $1\ 000\ m^3$,分别存放 5 种混凝土骨料,在预热调节料仓内安装蒸汽排管。考虑冬季施工时混凝土浇筑基本为白天温度较高的时段,按每天施工 6 h 计算,考虑 1.5 的小时不均匀系数,浇筑强度为 $80\ m^3/h$,需要砂石骨料 $120\ m^3$,每天需要的砂石骨料总量为 $720\ m^3$。预热调节料仓的容量完全可以满足骨料预热的要求。

(二)降温措施

沙坡头工程坝址处月最高平均气温 7 月为 $22.5\ ℃$,多年极端最高气温为 $37.6\ ℃$,夏季混凝土施工月高峰强度 3 万 m^3,采取的降温措施有:

(1)利用成品料堆堆高预冷骨料,要求成品料堆的堆料高度至少 8 m。根据大峡工程经验,大容量料堆下设出料廊道,骨料的温度一般可以保证在 $12\sim15$ ℃。由于大峡工程与沙坡头工程距离很近,气候条件基本相同,利用成品料堆高度降低骨料温度的效果是显著的。

(2)加 $2\sim4$ ℃冷水拌和混凝土。

(3)加片冰拌和混凝土,可以降低混凝土出机口温度 5 ℃左右。

(4)出机口温度 $12\sim15$ ℃。

混凝土生产系统内设 1 座制冷楼,包括制冷车间、冷水间及冰库间,第一层为制冷车间,安装 5 台螺杆式氨压机组,型号为 W-ABLGH100,其单机制冷容量 298 kW,功率为 100 kW。第二层布置蒸发器冷水箱及水泵等,供拌和用冷水和片冰机制冰用冷水。第三、四层为组装式冰库,型号为 BK50-35.5,第三层为冰库,储冰容量 35.5 t;第四层为片冰机层,安装 2 台片冰机,日产冰量为 50 t/d。采用 B650 皮带机将片冰从冰库下输送至拌和楼称量层,经配料称计量加入搅拌机内。在二层顶上布置 2 台玻璃钢冷却塔,型号为 BL-200。在第一层内布置有循环水泵,并在室外设有水池。混凝土生产系统总制冷容量 1 400 kW,合 120 万 kcal/h 的制冷容量。

第五节　施工供风、供水、供电及通信系统

一、施工供风系统

(一)混凝土系统压缩空气站

混凝土系统内设置压缩空气站,满足系统内水泥输送、拌和楼控制等用压缩空气。压缩空气站配 3 台空压机,型号为 4L-20/8,供气规模为 60 m^3/min。站内配有循环冷却水池和水泵。

(二)工程开挖压缩空气站

由于现在常用的岩石开挖设备多自带空压机,故该工程仅配备小规模压气站。设计供风能力为 27 m^3/min,每日三班制生产。采用 3 台 9 m^3/min 移动式风冷空压机,根据需要设置在施工区内。

二、施工供水系统

沙坡头水利枢纽工程施工期间用水量 1 100 m^3/h,其中生产用水 1 000 m^3/h,生活用水 100 m^3/h。由施工供水系统承担工程建设期间的供水任务。

沙坡头工程位于黄河上游,坝址段黄河河水泥沙含量较高,多年平均含沙量为 5.44 kg/m^3。汛期平均含沙量为 13.8 kg/m^3,实测最大含沙量为 382 kg/m^3,已属高浊度水范畴,经混凝沉淀等处理后方能满足施工要求,因而生产环节多,工艺复杂且成本高。

根据地质资料,坝址附近古河床砂砾石中段有地下水可以打井利用,单井出水量 30~100 m^3/h,水质较好,符合饮用水标准。另据地质所提水源资料,在碱碱湖泵站上游侧靠近并平行黄河处可开挖渗槽,利用黄河渗透水和沙漠渗透水。

经过技术经济比较,该工程供水系统拟采用不同水源分别供水的方案。在生产设施区以东生活区以北打 2 口管井,单井出水量预计 50 m^3/h,可满足生活用水 100 m^3/h 的要求。生产用水分为管井取水和渗槽取水两部分。管井取水承担 400 m^3/h 的供水任务,供混凝土拌和、制冷水、压气站、施工机械等水质要求较高的生产用水。管井沿着古河道并于迎沙公路南侧共布置 5 口井,井深

$25 \sim 40$ m。地下水从管井由井泵抽取至 2 个 500 m^3 水池,再由送水泵站水泵向各用水点供水。渗槽取水承担 600 m^3/h 的供水任务,主要供砂石筛洗和混凝土养护用水。渗槽位置在碱碱湖泵站上游侧,尽量靠近并平行黄河布置,渗槽深 $10 \sim 17$ m,槽底平面尺寸按 60 m × 10 m 考虑。由渗槽取水泵站将槽内渗水提升至 2 个 1 000 m^3 水池,再由渗槽送水泵站向各用水点供水。

三、施工供电系统

为满足沙坡头水利枢纽工程施工用电和枢纽建成后的电站厂用、大坝防汛、永久生活区以及综合利用等用电需要,在工地左岸兴建 1 座 35 kV 施工变电站,为枢纽工程施工期间及建成后厂用备用提供电源。

沙坡头工程施工用电总负荷为 5 888 kW,详见表 3-2。

根据施工用电的用电容量、电压等级和电站厂用备用电源的要求,以及当地电力部门的规划,拟由迎水桥 22 kV 变电站 35 kV 母线侧引一回 35 kV、12 km 长的架空线路至坝址左岸,作为施工变电站的供电电源。为保证线路在检修和故障时正常供电,还需从中卫县 110 kV 中卫变电站 35 kV 母线侧引一回 35 kV、24 km 长的架空线路至坝址左岸,作为施工变电站的备用电源。

根据施工用电负荷,施工变电站选用 2 台 S9 -3150/35 型节能变压器,布置采用户外式布置方式,其容量为 6 300 kVA,为施工用电总负荷的 85.6%。变压器高压侧接线为 35 kV 单母线,变电站低压侧接线为 10 kV 单母线分段接线。高压侧采用电缆进出线、户内式配电装置,选用 6 面 35 kV 中置式(KYN)配电盘柜。低压侧设置 16 面 10 kV 中置式(KYN)配电盘柜,向左岸生产区、左岸生活区、大坝基坑及右岸施工区等供电。10 kV 配电装置出线采用高压电缆至线路终端杆,经过架空线路向各施工用电点供电。

根据施工负荷点的分布,共规划 8 回 10 kV 输电线路,设置 4 座 10 kV 施工变电站和 6 座 10 kV 箱式变电站。10 kV 线路总长度 20 km,其中电缆长度 2 km。4 座 10 kV 变电站变压器采用户外式布置方式,其高压侧设置跌落式熔断器及避雷器。变电站的防雷接地、照明、电缆敷设和防火等均按规范要求设计、施工和安装。电缆敷设采用电缆沟和电缆桥架敷设方式。

施工变电站从 35 kV 高压侧接 1 台 S9 -200/35 变压器,作为施工变电站的站用电源。站用变压器采用户外式布置方式。施工变电站 10 kV 母线留有 1 个回路作为沙坡头枢纽厂用电源的备用电源。

为了确保基坑排水和施工通信、医疗、生活等重要用户的供电,特别设置了

5×200 kW 柴油发电机组,作为工地保安自备电源,分别布置在明渠及大坝基坑、生活区等关键部位。

沙坡头水利枢纽施工用电一次部分主要电器设备详见表3-3。

表 3-2 沙坡头工程施工用电统计

序号	项目	负荷（kW）	电压（V）	备注
一	施工工厂设施用电			
1	混凝土生产系统	310	380	不计制冷厂
2	砂石系统	600	380	
3	制冷厂	610	380	
4	综合加工厂	633	380	钢筋、木材加工厂及混凝土预制厂
5	修配厂	84	380	施工机械保修厂、汽车保养厂
6	施工供风系统	615	380	
7	施工供水系统	470	380	
	小计	3 322		
二	施工排水系统	300		
三	厂坝区施工用电			
1	混凝土垂直运输机械用电	1 000	6 000	
2	其他施工机械用电	360	380	
	小计	1 360		
四	泵站	155	380	
五	照明用电			
1	室内照明	656	220	
2	场区照明	63	220	
3	道路照明	32	220	
	小计	751		
	一至五合计	5 888		

表 3-3　沙坡头水利枢纽施工用电一次部分主要电器设备

序号	名称	规格型号	数量	备注
1	架空线路	35 kV	36 km	迎水桥 12 km,中卫 24 km
2	架空线路	10 kV,LGJ - 70	20 km	
3	架空线路	0.4 kV,LJ - 70	40 km	
4	35 kV 电缆线路	35 kV,YJV22 - 1 × 50	0.2 km	
5	10 kV 电缆线路	10 kV,YJV22 - 3 × 50	2 km	
6	低压电缆线路	VV22 - 4 × 50	10 km	
7	施工变电站主变压器	S9 - 3150/35 型	2 台	
8	施工变电站站用变压器	S9 - 200/35 型	1 台	
9	配电变压器	S9	5 台	
10	配电变压器	S9 - 1600/10	1 台	
11	箱式变压器	10 kV,S9	6 座	
12	35 kV 配电盘柜	KYN - 35	6 面	
13	10 kV 配电盘柜	KYN - 10	16 面	
14	6 kV 配电盘柜	KYN - 6	4 面	
15	400 V 配电盘柜	GCK	40 面	
16	柴油发电机组	200 kW,0.4 kV	5 台	
17	其他		1 项	

　　沙坡头水利枢纽施工变电站考虑施工供电和永久供电相结合,其保护、测量、控制采用综合保护自动化装置,集保护、测量、控制为一体。综合保护自动化装置布置在一次设备开关柜的二次小间内。

　　在沙坡头水利枢纽施工变电站配置一套直流电源,电压为 220 V,供给施工变电站保护、控制、信号等回路。

　　沙坡头水利枢纽施工用电二次部分主要电器设备详见表 3-4。

表 3-4　沙坡头水利枢纽施工用电二次部分主要电器设备

序号	名称	规格型号	数量	备注
1	站用变压器综保单元		1 个	
2	主变高压侧后备综保单元		2 个	
3	主变低压侧后备综保单元		2 个	
4	主变差动保护单元		2 个	
5	10 kV 线路综保单元		9 个	
6	直流电源	65 Ah 220 V	1 套	
7	中央音响信号屏		1 面	
8	控制台		1 面	
9	控制电缆	ZR – KVV224 × 1.5	1 km	

四、施工通信系统

沙坡头工程施工通信的设计原则是施工通信设备尽量与永久通信设备相结合。在沙坡头工程施工区设置初装容量 200 门，最终可扩容至 1 000 门的具有调度功能的数字程控用户交换机 1 台,用于电站建设的施工指挥调度管理和生产管理通信,该机除具有一般程控用户交换机的功能外,还具有调度功能,是行政与调度合一的交换机。具有调度员优先呼叫用户和输入功能,以及各个用户的操作呼叫键和用户忙闲状态显示信号。工程建成后,根据交换机的使用情况,经过扩容和改造可考虑作为永久站内通信设备。

施工期建设一套 5 信道集群移动通信系统以满足基建施工指挥调度通信的需要,并留作工程建成后永久通信系统,满足生产检修、户外检修、库区调度、场内应急通信等多种情况的需要。集群系统接入电站交换机,实现有线、无线及对外的通信联络,并配置 10 部移动车载台和 30 部手持机。

施工阶段已建成 50 对音频架空电缆线路至中卫县邮电局,并使用 32 个市话用户对外通信。考虑今后的生产管理及生活福利需要,电站内交换机拟以DID 方式接入中卫县邮电局,永久对邮电局的通信方式采用光纤通信,10 芯ADSS 光缆与 50 对电缆同杆架设,并采用先进的 SDH 光纤通信设备。施工期先期建设光缆线路,满足施工对外通信的需要,并留作永久对外联络通信线路。

为保证通信通畅,直流供电的通信设备选用由通信高频开关电源(包括直流配电单元和交流配电单元)和两组免维护蓄电池组成的电源系统补充供电。对于采用交流供电的通信设备采用 UPS 电源供电。施工通信主要设备见表 3-5。

表 3-5　沙坡头水利枢纽施工通信系统主要设备

序号	名称	规格型号	数量	备注
一	通信			
1	数字程控用户交换机	200 门	1 台	初期容量
2	调度台	40 键	1 套	
3	总配线架	400 回	1 套	带安保器
4	普通电话机		200 部	
5	维护测试终端及话务台		1 套	
6	计费系统		1 套	
7	高频开关电源	150 A	1 套	
8	免维护铅酸蓄电池	300 Ah、48 V	2 组	含配电单元
9	UPS 电源	10 kVA	1 台	含安装架
10	通信电缆	架空敷设	8 km	带蓄电池
11	配线电缆		1 km	
12	电话线		4 km	
13	电力电缆		1 km	
二	对外联络通信			
1	架空通信电缆	50 对		业主提供
2	SDH 管线通信设备	STM－1	2 站	列入永久通信
3	ADSS 光缆	10 芯	22 km	列入永久通信
三	集群移动通信系统	5 信道	1 套	
四	仪器、仪表及维护工具		1 套	

第六节　修配及综合加工厂

一、组成

沙坡头工程区交通方便,根据工程特点修配及综合加工厂设置钢筋加工厂、木材加工厂、混凝土预制厂、机械保修厂、汽车保养厂等,施工机械和汽车仅设保修、保养及小修,而大中修则依靠地方企业解决。各修配加工企业均设在生产设施区内,钢筋、木材加工厂为每日两班制生产,混凝土预制厂、机械保修厂、汽车保养厂均为每日一班制生产,高峰时临时两班制生产。

二、修配及综合加工厂

(一)钢筋加工厂

该工程钢筋总用量约 1.72 万 t,按月施工高峰设计生产能力为 20 t/班,设在生产设施区内,每日两班制生产,建筑面积 1 000 m²,占地面积 12 000 m²。

(二)木材加工厂

该工程木材总用量约 1.76 万 m³,按月施工高峰设计生产能力为 20 m³/班,设在生产设施区内,每日两班制生产,建筑面积 1 500 m²,占地面积 10 000 m²。

(三)混凝土预制厂

该工程共有混凝土预制件约 6 100 m³,主要为初期临时引渠衬砌和明渠衬砌及中后期少量 T 形梁。预制厂设在生产设施区内,按月施工高峰计算,生产能力为 40 m³/班,每日一班制生产,建筑面积 500 m²,占地面积 11 000 m²。

(四)机械保修厂

该工程共有大中型施工机械 100 余台套,鉴于工期不长,工地不考虑大修,只在生产设施区内设机械保修厂,担负工地施工机械的各级保养及小修,兼顾修钎及部分钢结构的制作,并设置机械停放场。施工机械年保修劳动量 10 万工时。保修厂每日一班制生产,建筑面积 1 000 m²,占地面积 10 000 m²。

(五)汽车保养厂

该工程共有运输机械约 150 余辆。鉴于工期不长,工地不考虑施工及运输机械的大修,只在生产设施区内设汽车保养厂,担负工地各种运输机械的各级保养及小修。年保养劳动量 20 万工时,每日一班制生产,建筑面积 1 500 m²,占地面积 15 000 m²。

第四章　黄河龙口水利枢纽施工工厂设计

第一节　枢纽工程概况

一、工程位置及任务

黄河龙口水利枢纽(简称龙口工程)位于黄河北干流托龙段尾部、山西省和内蒙古自治区的交界地带,左岸是山西省忻州市的偏关县和河曲县,右岸是内蒙古自治区鄂尔多斯市的准格尔旗。坝址距上游已建的万家寨水利枢纽25.6 km,下游距已建的天桥水电站约70 km。枢纽对外交通便利,河曲—偏关公路从左坝头通过,宁武至大东梁的铁路已经建成并投入试运行。大饭铺至榆树湾的三级公路已经建成,该公路可直达薛家湾转运站。

工程开发任务是参与系统发电调峰,对万家寨水电站调峰流量进行反调节,确保黄河龙口至天桥区间不断流,兼有滞洪削峰等综合利用。

黄河北干流托克托—龙口段全长128 km,落差124 m,其中拐上至龙口河段全长94 km,落差117 m,河道比降1.24‰。龙口坝址多年平均径流量为178.1亿 m^3。龙口水利枢纽的建设可充分利用北干流的水能资源,对万家寨水电站进行反调节,坦化下泄流量过程,减少流量波动幅度,改善下游河道水流条件,减少万家寨水电站调峰不稳定流对下游农业灌溉泵站取水口和天桥水电站的不利影响,提高梯级电站的综合效益。枢纽位于华北和西北地区的结合部,地处晋、蒙、陕三省(区)边界交会地带。项目的建设能够促进地区经济发展,有利于西部大开发战略的实施。枢纽建成后拟就近投入晋、蒙电网,可向电网提供调峰容量400 MW,为电网提供清洁的、可靠的调峰容量和电量。龙口水利枢纽可拦截万龙区间洪水,减小下泄洪峰流量。

枢纽主体工程土石方开挖124.48 万 m^3,土石方回填10.87 万 m^3,混凝土浇筑97.19 万 m^3,钢筋钢材25 698 t,基础帷幕灌浆27 822 m,基础固结灌浆54 545 m。施工导流采用分期导流方式,施工总工期5年。工程静态投资239 519.23

万元,总投资 269 837.23 万元。

二、枢纽简介

龙口水利枢纽为Ⅱ等工程,属大(2)型规模。主要建筑物为 2 级建筑物。水库正常运用的洪水标准为 100 年一遇,非常运用洪水标准为 1 000 年一遇。水库正常蓄水位 898 m,采用"蓄清排浑"运行方式,排沙期运行水位 888~892 m,冲刷水位 885 m,总库容 1.96 亿 m^3,调节库容 0.71 亿 m^3。

枢纽设 10 个 4.5 m×6.5 m(宽×高)的底孔,2 个净宽 12 m 的表孔,9 个 1.9 m×1.9 m 的排沙洞。底、表孔采用二级底流消能,100 年一遇设计洪水泄量 7 561 m^3/s,1 000 年一遇校核洪水泄量 8 276 m^3/s。排沙期最低运用水位 888 m 时总泄量大于 5 000 m^3/s。

枢纽大坝为混凝土重力坝,河床式电站厂房坝段布置在左岸,表孔坝段布置在右岸,底孔坝段布置在厂房与表孔坝段之间。水工建筑物包括拦河坝、河床式电站厂房、泄流底孔、表孔、排沙洞、下游消能设施、副厂房及 GIS 开关站等。拦河坝为混凝土重力坝,坝顶高程 900 m,坝顶全长 408 m,最大坝高 51 m。河床式电站,总装机容量 420 MW,其中 4 台单机容量 100 MW,1 台单机容量 20 MW。机组间距分别为 30 m、15 m。主厂房长 187 m,主安装间长 40 m,副安装间长 12 m。大坝自左岸至右岸分为 19 个坝段,依次为左岸非溢流坝段、主安装场坝段、电站坝段、副安装场坝段、隔墩坝段、底孔坝段、表孔溢流坝段及右岸非溢流坝段。

三、气象及地质

龙口水利枢纽地处内陆深处的黄土高原东北部,属温带季风大陆性气候。每年冬季受蒙古冷高压的控制,气候干燥寒冷,雨雪稀少且多风沙。夏季西太平洋副热带高压增强,暖湿的海洋气流从东南或西南进入本地区,冷、暖气流交绥形成降水,故大陆性气候明显,冬季时间长,春秋时间短,四季分明。

勘察区地处黄土高原,地势北高南低,地面高程一般为 1 000~1 500 m,相对地形高差最大可达 300 m 以上。区内地貌类型主要有黄土丘陵、构造剥蚀低中山和侵蚀堆积地貌等。工程区位于华北地台之山西台背斜与鄂尔多斯台向斜之间的过渡地带,寒武系、奥陶系碳酸盐岩地层与工程密切相关,该类地层总厚度 592~865 m,主要出露于黄河沿岸及左岸地区。受大的构造格局控制,寒武系、奥陶系地层由东、北东向西、南西方向缓倾,在黄河左岸裸露地表形成低中山,向西、南西方向逐渐降低并深埋地下。区域地层总体上由北东向南西方向倾斜,倾角在 10°左右。区内呈现的构造形迹主要有挠曲、背斜、向斜及断裂构造等,均为形成年代久远的古老构造。

坝址岩层由中统马家沟组奥陶系灰岩、白云岩等组成,岩性致密坚硬,无大的地质构造,但岩石中有多层倾向下游,连续的缓倾角泥化夹层。

第二节　施工工厂设施

龙口工程施工工厂设施包括砂石加工系统、混凝土生产系统、施工供风系统、施工供水系统、施工供电及通信系统以及修配及综合加工厂等。

砂石加工厂布置在坝址右岸上游约 1 km 二道沟至三道沟间的台地上,交通便利。加工厂处理能力为 550 t/h,成品生产能力为 430 t/h,砂生产能力为 150 t/h,两班制生产。混凝土生产系统设计拌和楼的生产规模为 205 m³/h,夏季加冰浇筑强度为 120 m³/h,选用万家寨工程使用过的 2 座 4×3.0 m³ 拌和楼,2 座拌和楼铭牌总生产能力为 480 m³/h,三班制生产。

施工供风系统左岸供风容量为 200 m³/min,右岸坝头供风容量为 160 m³/min,混凝土生产系统供风容量为 80 m³/min。供风总容量为 440 m³/min。

施工供水系统水源为黄河岸边地下水,总供水规模 1 380 m³/h,其中右岸水源井共有 5 口,其供水规模 1 200 m³/h,左岸 1 口水源井供水规模 180 m³/h。施工供电系统龙口工程施工用电总负荷 16 950 kW,变电站总容量为 12 600 kVA,采用 2 台 6 300 kVA 变压器。通信系统建程控交换及移动式通信设施,并与永久通信合建 800 MHz 集群通信系统、光纤通信系统以及对外中继线工程。

修配及综合加工厂:在左、右岸各设 1 座钢筋加工厂,生产能力分别为 20 t/班及10 t/班。在右岸设 1 座木材加工厂,1 座混凝土预制构件厂(生产能力为 10 m³/班)。在右岸坝头附近设机械保修厂(年保修劳动量 12 万工时)和汽车保养厂(年保养劳动量为 14 万工时),均为一班制生产。在左岸设金属结构拼装场。

龙口工程施工工厂设施主要指标详见表4-1。

表 4-1　龙口工程施工工厂设施技术指标汇总

序号	名称	规模	日班制	生产用房（m²）	占地面积（m²）	备注
一	采石场	19.4 万 t/月	二			
二	砂石加工厂	550 t/h	二	900	70 000	处理能力
三	混凝土生产系统	205 m³/h	三	1 120	20 000	含压气站

续表 4-1

序号	名称	规模	日班制	生产用房 （m²）	占地面积 （m²）	备注
四	施工供风系统					
1	左岸	160 m³/min	三	409	1 000	
2	右岸坝头	130 m³/min	三	335	700	
3	右岸混凝土生产系统	60 m³/min	三			
五	施工供水系统	1 380 m³/h	三	670	3 700	
1	右岸	1 200 m³/h	三	520	3 000	
2	左岸	180 m³/h	三	150	700	
六	施工供电系统	12 600 kVA	三			
七	钢筋加工厂	30 t/班	一	200	8 000	
1	左岸	20 t/班	一	100	5 000	
2	右岸	10 t/班	一	100	3 000	
八	木材加工厂		一	200	3 000	
九	混凝土预制构件厂	10 m³/班	一	100	3 000	
十	金属结构拼装场		一	200	6 000	
十一	机械保修厂	12 万工时/年	一	100	3 000	
十二	汽车保养厂	14 万工时/年	一	100	4 000	

第三节　砂石加工系统

一、料场的比较与选择

龙口工程所用砂石骨料料场根据先天然后人工的原则并结合毛料采运的难易程度等因素进行选择。

坝址区可供选择的天然砂砾料场包括大东梁和太子滩两个砂砾料场。大东梁料场位于黄河左岸河曲县城东侧台地上,料场与坝址之间有河(曲)偏(关)公路相连,交通便利。太子滩料场位于坝址下游 1 km 处的河心滩地上,四面环水,交通不便。两个天然砂砾料场的砾料质量均不合格,均存在砾石偏细、缺少粗大砾石、抗冻性能差、冻融损失率超标等质量问题,不能作为混凝土骨料使用,并且存在运距、运输、防洪、防凌等施工问题,附近再无更好砾料料源,故龙口工程的混凝土骨料不采用天然砂砾料场,而采用石料场开采石料经人工破碎生产混凝土骨料。

坝址区可供选择的人工石料场有 3 个,即大桥沟、三道沟及三道沟东侧石料场。

大桥沟石料场位于黄河左岸坝址上游约 1.5 km 处的大桥沟沟口处,现有河(曲)偏(关)公路与坝址相连,交通便利。料场地形起伏较大,大桥沟从料场中间通过,沟底高程 910 ~ 920 m,山顶高程 950 ~ 970 m。勘察料场时为河曲县水泥厂的主要料源,并有数处个体开采点。大桥沟常年流水,雨季洪水较大,对料场开采有影响。河(曲)偏(关)公路及河(曲)刘(家塔)公路从料场通过,施工时将相互干扰。料场地层主要为奥陶系碳酸盐岩地层和第四系上更新统风积黄土层。其中,奥陶系地层为主要开采层,根据其岩性特征,将其划分为 11 个小层,其中Ⅰ、Ⅱ、Ⅲ等小层岩性主要为厚层、中厚层灰岩、豹皮灰岩,Ⅰ′、Ⅱ′、Ⅲ′等岩性主要为薄层白云岩、泥质白云岩、砾状灰岩等。第四系地层分布于山体顶部及斜坡部位,需剥离。试验结果表明,Ⅰ小层软化系数偏低,但其湿抗压强度较高,仍可满足工程要求,其他各项指标均满足规程要求,质量较好。薄层白云岩、泥质白云岩轧制成骨料后,针片状颗粒含量可能较高,如作为有效开采层利用,应进行人工骨料轧制试验。无用剥离层体积 16.2 万 m³,有用层储量 315.7

万 m³。

三道沟石料场位于黄河右岸坝址上游约 1.4 km 处的三道沟沟口处,与坝址间有二道沟阻隔,目前仅有人行小路相通,交通不便。料场地势北高南低,呈台阶状,阶面高程分别为 990~1 040 m 和 920~940 m。料场地层由奥陶系马家沟组碳酸盐岩地层和第四系上更新统风积黄土及全新统坡残积碎石土层构成。奥陶系地层为料场主要开采层,根据岩性特征,将其划分为 10 个小层,其中Ⅰ、Ⅱ、Ⅲ等小层岩性主要为厚层、中厚层灰岩、豹皮灰岩,Ⅰ′、Ⅱ′、Ⅲ′等岩性主要为薄层白云岩、泥质白云岩、砾状灰岩等。各小层中,第Ⅰ′层砾状灰岩厚 7.1~7.7 m,为碱活性骨料,需剥离,其他各层均可作为混凝土骨料使用。第四系地层分布于山体顶部及斜坡部位,需要剥离。试验结果表明,其软化系数偏低,但湿抗压强度较高,仍可满足工程要求。三道沟石料场紧邻三道沟东侧石料场,奥陶系地层岩性相同,岩石碱活性试验可参照三道沟东侧料场试验成果,据此判断第Ⅰ′层砾状灰岩为碱活性骨料,其他各层为非活性骨料。薄层白云岩、泥质白云岩轧制成骨料后,针片状颗粒含量可能较高,如作为有效开采层利用,应进行人工骨料轧制试验。无用剥离层体积 45.2 万 m³,有用层储量 280.1 万 m³。

三道沟东侧石料场位于黄河右岸三道沟东侧,料场与坝址间有二道沟和三道沟阻隔,交通不便。料场地形北高南低呈台阶状,阶面高程分别为 931~950 m、1 000~1 005 m。根据地形特征可划分为Ⅰ、Ⅱ两个料区。料场地层主要由奥陶系马家沟组碳酸盐岩和第四系上更新统风积黄土及全新统坡残积碎石土层组成。奥陶系地层为料场主要开采层,根据其岩性特征,可划分为 14 个小层,其中Ⅰ、Ⅱ、Ⅲ等小层岩性主要为厚层、中厚层灰岩、豹皮灰岩,Ⅰ′、Ⅱ′、Ⅲ′等岩性主要为薄层白云岩、泥质白云岩、砾状灰岩等。各小层中,除第Ⅲ′层砾状灰岩为碱活性骨料需剥离外,其他各层均可作为混凝土骨料使用,第Ⅲ′层厚 5.8~7.0 m,在料场Ⅰ区零星分布于北侧顶部,在Ⅱ区以夹层形式分布。第四系地层主要分布于两个台阶上部及坡脚部位,需剥离。试验结果表明,部分试样软化系数偏低,但其湿抗压强度较高,影响不大;第Ⅲ′层砾状灰岩为碱活性骨料;其他各层各项指标均符合规程要求,质量较好。薄层白云岩、泥质白云岩轧制成骨料后,针片状颗粒含量可能较高,如作为有效开采层利用,应进行人工骨料轧制试验。无用层体积 119.6 万 m³,其中Ⅰ区为 47.3 万 m³,Ⅱ区为 72.3 万 m³。有用层储量约 1 047.8 万 m³,其中Ⅰ区为 367.1 万 m³,Ⅱ区为 680.7 万 m³。

综上所述,三道沟东侧、三道沟、大桥沟三个石料场石料储量丰富,可满足工程所需。质量方面,除三道沟及三道沟东侧石料场砾状灰岩为碱活性骨料外,其他各层质量均满足规程要求。在施工开采时,右岸料场比左岸料场的地方干扰相对较小,有利于保障工程施工的顺利进行。右岸料场与砂石加工厂、混凝土系统同岸布置,运输方便且运距较短,可降低工程造价。右岸的三道沟东侧石料场与三道沟石料场相比,位置紧邻且岩性基本一致,但有用层储量更大且弃料率较低,故生产成本相对较低。经比较,确定右岸三道沟东侧料场为龙口工程人工砂石料场,将三道沟东侧石料场由南至北分 I、II 两个料区,南部的 I 料区有用层储量为 367.1 万 m³,有用层石料质量较好,能满足工程要求,剥离与开采的难度比北部的 II 料区要小,故选择三道沟东侧石料场的 I 料区作为人工砂石料场主采区。

右岸料场主要优点如下:

(1)右岸料场开采与左岸料场相比地方干扰小,有利于工程的顺利施工。

(2)选用右岸料场,石料运输不过河,料场与砂石、混凝土系统同岸布置,布局紧凑合理,有利于节省工程量,降低工程造价。

(3)右岸的三道沟东侧石料场与三道沟石料场紧邻,岩性基本一致,但其有用层储量更大, I、II 两个料区有用层储量合计约 1 047.8 万 m³,无用层体积 119.6 万 m³,无用层与有用层储量之比为 0.114,而三道沟石料场为 0.161,故三道沟东侧石料场弃料少,成品率高,生产成本较低。

龙口工程砂石料场综合比较详见表 4-2。

二、料场规划与开采

三道沟东侧石料场的 I 料区为该工程开采料场。由地质勘察资料可知,该料场自下而上分别为 I、I′、II、II′、III、III′、IV、IV′层及第四系地层。第 I 有效层层底高程在 900 m 以下,厚度大于 40 m;第 II 有用层层底高程为 905~913 m,厚度为 13.3 m;第 III 有用层层底高程为 917~930 m,厚度为 23.3~27.8 m;第 IV 有用层厚度较薄,储量少,无开采价值,作为弃料。在第 I 有用层与第 II 有用层之间夹有第 I′无用层,厚度为 0.9 m;在第 II 有用层与第 III 有用层之间夹有第 II′无用层,厚度为 2.15 m;在第 III 有用层与第 IV 有用层之间夹有第 III′无用层,厚度为 5.8~7.0 m;在第 IV 有用层顶部为第 IV′无用层和第四系覆盖层。

根据料场地理位置及地形条件,规划从三道沟东侧约 300 m 处起开采第 II、III 有用层作为人工砂石厂毛料,并修运输公路连通位于三道沟交通桥东北侧

表 4-2 龙口工程砂石料场综合比较

序号	料场类别	天然砂砾料场		人工砂石料场		
	料场	大东梁砂砾料场	太子滩砂砾料场	大桥沟石料场	三道沟石料场	三道沟东侧石料场
1	位置	左岸河曲县东侧凹地	坝址下游县城心滩上	黄河左岸大桥沟沟口	黄河右岸三道沟沟口	黄河右岸三道沟东侧
2	有用层储量	163.8 万 m³	135.6 万 m³	315.7 万 m³	280.1 万 m³	1 047.8 万 m³
	无用层体积	132.0 万 m³	11.1 万 m³	16.2 万 m³	45.2 万 m³	119.6 万 m³
3	质量评价	砾料存在砾石偏细,缺少 40~80 mm 的粗大砾石;抗冻性能差,冻融损失率严重超标,不能作为混凝土骨料使用。砂料少数试验样品有机质含量超标,砂料堆积密度偏低,细度模数偏小	砾料存在砾石偏细,缺少砾径为 80~150 mm 的砾石;抗冻性能差,冻融损失率超标。砂料粒度模数偏小,体积膨胀率有超标	奥陶系地层为料场主要开采层,软化系数虽偏低,但其湿抗压强度较高,仍可满足工程要求。其他各项指标均满足规程要求,质量较好	奥陶系地层为料场主要开采层,岩石软化系数偏低,但由于其湿抗压强度较高,仍可满足工程要求	奥陶系地层为料场主要开采层,部分岩层软化系数偏低,但其湿抗压强度较高,影响不大,质量较好
4	开采条件	存在占地、迁移坟墓、拆迁建房屋、输电线路及与城市规划相冲突问题	地下水埋深浅,存在水下开采问题;另外,开采时还存在防洪、防凌等问题	有用层与无用层相间排列,开采时需对无用层进行剥离;大桥沟洪水流大,雨季洪水对料场影响,对料场影响大;施工时将与河有开采,河刘公路及发现规划单位相互干扰	有用层与无用层相间排列,开采时需对无用层进行剥离	有用层与无用层相间排列,开采时无用层相间排列,开采时需对无用层进行剥离
5	交通运输	料场和坝址之间有河(曲)偏(关)公路相连,交通便利,运距 16.0~16.5 km	距坝址约 1.0 km,四面环水,交通不便	距坝址约 1.5 km,河(曲)刘(家塔)公路从料场经过,交通便利	距坝址约 1.4 km,与坝址间有三道沟阻隔,目前仅有人行小路相通,交通不便	距坝址平均运距约 2.5 km,料场与坝址间同有三道沟和三道沟阻隔,交通不便
6	比选结果	三道沟东侧石料场 I 区采件相对优越,可作为人工砂石料场,大东梁砂砾料场可作为前期工程临建项目的混凝土工程骨料				

954 m 高程的粗碎车间,平均运距约 700 m。经料场规划,将料场划分为开采区和备用区,先从开采区开始开采。

该料场开采第 Ⅱ、Ⅲ 有用层作为人工砂石厂料源。由地质资料可知,第 Ⅱ、Ⅲ 有用层在开采范围内厚度较均匀,拟从上而下分层开采。在开采第 Ⅲ 有用层时,台段高度为 8.5 m,宽度为 22 m,开采第 Ⅱ 有用层时,台段高度为 12 m,宽度为 22 m。从料场修筑公路连接位于三道沟东侧 954 高程的粗碎车间,毛料平均运距约 700 m。

料场上部覆盖层用 2 m³ 反铲挖掘机剥离,15 t 自卸汽车运输弃料至指定的弃料场。第 Ⅱ′、Ⅲ′、Ⅳ′ 无用层和第 Ⅳ 有用层作为弃料采用英格索兰钻机钻孔,岩石经英格索兰 LM401 液压履带式钻机钻孔爆破,爆破后的毛料由 74 kW 推土机集料,2 m³ 反铲挖掘机装车,15 t 自卸汽车运输毛料至粗碎车间。

料场采运规模依据工程混凝土月浇筑高峰强度 6.8 万 m³ 考虑,确定月毛料采运能力为 19.4 万 t/月。

此外,以风动凿岩机配移动式空压机作为剥离覆盖层、无用层,开采石料的辅助设备。

三、人工砂石加工厂

根据选定的右岸三道沟东侧石料场以及混凝土浇筑、混凝土生产系统布置的要求,在右岸设一座砂石加工厂,供应混凝土生产系统所需的砂石骨料。砂石加工厂布置在坝址右岸上游约 1 km 二道沟至三道沟一带的台地上,其中粗碎车间布置在三道沟东侧,三号公路沿砂石加工厂南侧通过,交通便利。龙口工程主体混凝土浇筑量约 97 万 m³,临建混凝土量约 12 万 m³,混凝土总量约 109 万 m³,共需砂石料 240 万 t。龙口主体及临建工程混凝土中,四级配混凝土占 24%,三级配混凝土占 45%,二级配混凝土占 31%,砂率根据试验资料按 30% 计。砂石加工厂生产能力按混凝土高峰月浇筑强度 6.80 万 m³ 设计,确定处理能力 550 t/h,成品生产能力 430 t/h,砂生产能力 150 t/h,两班制生产。

砂石加工厂由粗碎车间、预筛车间、中细碎车间、筛分车间、制砂车间、半成品料堆、成品暂存料堆、成品料堆及皮带运输机等组成。生产工艺采用筛分车间和中细碎车间局部闭路流程,其余车间均采用开路流程,制砂车间生产人工砂,各车间和料仓之间均采用皮带输送机连接,形成一条龙生产。根据当地气候特点及施工总进度安排,砂石加工厂在冬季停产 4 个月,停产期间的少量混凝土生产系统所需骨料由砂石成品料堆供应。砂石成品料堆储量 3.2 万 m³,活容积满足混凝土高峰时段月浇筑强度 5 d 的骨料需要,同时满足冬季混凝土骨料的需要。

开采后的毛料由自卸汽车运至粗碎车间,粗碎后的石料由皮带机输送到预筛分车间,预筛分后粒径大于 150 mm 的进入标准圆锥破碎机进行中碎,粒径小于 150 mm 的进入半成品料堆。半成品经筛分车间筛分后分为 80～150 mm、40～80 mm、20～40 mm、5～20 mm 四级碎石和小于 5 mm 人工砂,其中 20～40 mm 碎石直接进入成品暂存料堆。80～150 mm、40～80 mm 两级碎石由分料叉管分为两部分:一部分进入成品暂存料堆,另一部分分别进入标准圆锥破碎机和短头圆锥破碎机进行中、细碎,然后再次进入筛分车间形成闭路循环,达到调节各级碎石级配的目的。5～20 mm 碎石也由分料叉管分为两部分:一部分直接进入成品暂存料堆,另一部分进入制砂料堆作为制砂原料。小于 5 mm 人工砂经螺旋分级机洗去泥粉后进入成品暂存料堆。人工砂石成品从暂存料堆由皮带输送机输送至成品料堆储存,再由皮带输送机将砂石料输送到混凝土系统的预热调节料仓。

龙口工程人工砂石原料抗压强度较高,料场第 Ⅱ、Ⅲ 有用层的干抗压强度平均值分别为 152 MPa 和 157 MPa。因此,粗碎设备选用 2 台 900/130 轻型液压旋回破碎机,中碎设备选用 1 台 PYB1750 型标准圆锥破碎机,细碎设备选用 1 台 PYD1750 型短头圆锥破碎机。预筛设备选用 2 台 YH1836 型重型圆振动筛,筛分车间选用 2 台 2YKH1842 重型圆振动筛及 2 台 2YK1845 型圆振动筛,制砂设备选用 4 台 MBZ2100×3600 型棒磨机,洗砂设备均选用 6 台 FC－15 型螺旋分级机,其中 4 台用于制砂车间,2 台用于筛分车间。砂石厂废水处理设备选用了 4 台 SCD－300 型砂处理单元,其中 2 台用于筛分车间,2 台用于制砂车间。经过处理后使洗砂废水排放达到环保标准。

粗碎车间布置在三道沟东侧 954 m 高程,距采石场平均距离约 700 m,距坝址约 2 km;预筛分车间布置在 947 m 高程,中细碎车间布置在 943 m 高程,筛分车间布置在 938 m 高程,制砂车间布置在 930 m 高程,半成品堆布置在 936 m 高程,成品料堆分两个台阶布置,分别在 936 m 和 939 m 高程。砂石加工厂占地面积 70 000 m²,建筑面积 900 m²。

龙口水利枢纽砂石加工厂工艺流程详见图 4-1。

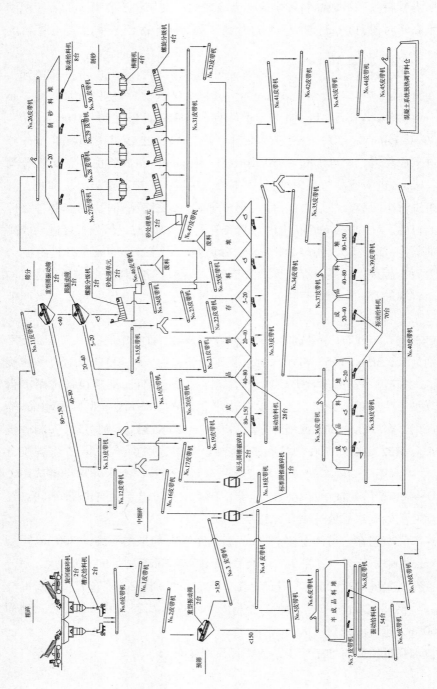

图 4-1 龙口水利枢纽砂石加工工艺流程

第四节　混凝土生产系统

一、系统规模及组成

龙口水利枢纽工程主体混凝土浇筑量约 97 万 m^3，临建混凝土量约 12 万 m^3，混凝土总量约 109 万 m^3，混凝土高峰月浇筑强度为 6.8 万 m^3，夏季加冰月浇筑强度为 4.00 万 m^3。设计拌和楼生产规模 205 m^3/h，夏季加冰浇筑强度 120 m^3/h，选用万家寨工程使用过的 2 座 4×3 m^3 拌和楼，2 座拌和楼的总铭牌生产能力为 480 m^3/h，满足工程混凝土浇筑强度要求，并可同时生产两种标号的混凝土。

混凝土生产系统包括混凝土拌和楼、制冷楼、散装水泥和粉煤灰罐、袋装水泥库、预热调节料仓、皮带输送机、压气站、外加剂间、实验室、维修间、值班室、锅炉房等其他附属设施。1 000 t 散装水泥罐共设 4 座，散装水泥储存量可满足高峰期 6 d 的用量；1 000 t 粉煤灰罐共设 2 座，其储存量可满足高峰期 15 d 的需用量。另设 1 座面积为 460 m^2 的袋装水泥库，可储存水泥 500 t。

二、系统位置及工艺流程

龙口水利枢纽工程大坝混凝土浇筑主要采用 2 台 20 t 平移式缆机和 2 台门机。混凝土拌和楼布置在坝址右岸上游约 130 m 处，与缆机平台相连。结合地形和缆机平台的布置，混凝土出料线高程定为 925 m，制冷楼、散装水泥罐、袋装水泥库等布置在 937.5 m 高程。占地面积 20 000 m^2，建筑面积 1 120 m^2，三班制生产。

混凝土骨料由人工砂石加工厂经皮带机运输至预热调节料仓，料仓活容积 2 270 m^3，满足混凝土高峰月浇筑期 11 h 的用量，预热调节料仓为半地下式结构，便于骨料冬季预热和夏季降温，骨料经过仓下廊道内的 2 条皮带机经拌和楼上料皮带机进入拌和楼顶部的骨料仓。

水泥的供应分袋装和散装两种，袋装水泥运到袋装水泥库卸车，经过人工拆包后，由全自动气化式喷射泵经管道送入水泥罐，散装水泥用 15 t 散装水泥车运到工地，用压缩空气将水泥卸入水泥罐内，每个水泥罐下安装 1 台 QPB – 2.5 ×1 型全自动气化式喷射泵，它以压缩空气为动力将水泥送至拌和楼水泥仓。

粉煤灰的储存运输和输送上拌和楼采用与散装水泥相同的输送方式。

三、温控设施

(一)保温设施

龙口工程所在地区属大陆性气候,冬季寒冷,混凝土施工需采取以下保温措施。

(1)拌和楼周围和上料皮带机用保温材料封闭保温。

(2)在预热调节料仓内安装蒸汽排管,冬季时向排管内通蒸汽加热骨料。

(3)加热水拌和。

锅炉房选用 2 台快装锅炉,型号为 KZG2 - 8,供热量 3 024 kW(合 260 万 kcal/h)。

(二)降温措施

龙口工程所在地区夏季炎热少雨,日温差变化大,月最高平均气温23.6 ℃,混凝土拌和时需采取冷却措施,尤其是在夏季浇筑大坝及电站基础块大体积混凝土时,要求混凝土出机口温度为 11 ℃,需同时采取三种措施才能保证:①加 2 ℃冷水拌和;②加片冰拌和混凝土;③风冷粗骨料。

该系统内设 1 座制冷楼,生产 -8 ℃片冰和 2 ℃冷水,并向拌和楼附壁冷风机供液态氨。制冷楼内设 BK 型组合式冰库 1 座,铭牌产冰量150 t/d,冰库储冰量 80 m^3,输冰皮带机将冰送入拌和楼。设计按 1 m^3 混凝土加片冰量 50 kg 考虑。选用 3 台附壁式冷风机,安装在拌和楼骨料仓上部,对 20 ~ 150 mm 粗骨料进行风冷。制冷楼设备制冷量为 1 921 kW,约合 165 万 kcal/h,选用 9 台螺杆氨泵机组,其中 ABLGⅢ100 型 5 台,ABLG55 型 4 台。

第五节　　施工供风、供水、供电及通信系统

一、施工供风系统

施工供风采取分区布置的原则。左岸空压站供风容量 200 m^3/min,供左岸削坡和基础开挖。右岸供风点有 2 处,分别为混凝土系统和右岸坝基开挖,施工供风总容量 240 m^3/min。

左岸压气站主要供左岸坝基开挖用风,用风量为160 m^3/min,压气站设 5 台 5L-40/8 型固定式空气压缩机,其中 1 台备用,左岸压气站供风总容量 200 m^3/min,建筑面积 409 m^2,占地面积 1 000 m^2。

右岸压气站主要供右岸坝基开挖用风,用风量为 130 m³/min,压气站设 4 台 5L－40/8 型固定式空气压缩机,其中 1 台备用。右岸压气站供风总容量为 160 m³/min,建筑面积 335 m²,占地面积 700 m²,混凝土生产系统压气站主要用风为散装水泥装卸的气力输送,用风量 60 m³/min,压气站设 4 台 4L－20/8 型固定式空气压缩机,其中 1 台备用,供风总容量为 80 m³/min。混凝土生产系统压气站设于混凝土生产系统场地内,占地面积及建筑面积已计入混凝土生产系统内。

二、施工供水系统

黄河水泥沙含量高,其水质不能满足工程建设期间生产及生活用水要求,净水处理工艺设备复杂,建设及运行成本高。针对龙口工程工期较短用水规模不大的特点,确定工程施工供水包括施工生产、生活和消防用水在内,全部采用黄河岸边深层地下水为水源,地下水水质满足施工用水要求和国家饮用水卫生标准,可直接用于施工生产及生活。

地质资料提供现井位处揭露的地层主要为奥陶系马家沟组,局部有第四系松散堆积物分布,厚度一般小于 5.0 m。奥陶系中统下马家沟组,下部为角砾状泥灰岩、泥灰岩,底部为钙质页岩夹砂岩,中部为厚层、中厚层灰岩,上部为中厚层灰岩、夹薄层白云岩、泥质白云岩等,该层总厚 95～100 m。奥陶系中统上马家沟组,下部为角砾状泥灰岩、泥质白云岩、白云岩,层厚 45～50 m;中、上部为厚层、中厚层灰岩、豹皮灰岩夹薄层白云岩,层厚 120～140 m。奥陶系基岩地下水类型为岩溶裂隙水,水源地范围内地下水位为 864～865 m,含水层隔水底板为下马家沟组底部的钙质页岩夹砂岩。由于岩性、岩溶发育程度的差别,含水层富水性是不均一的。$O_2 m_1$、$O_2 m_1^2$ 两段岩溶较发育,连通性相对较好,为含水层主要储水段,总厚 140.0～150.0 m;$O_2 m_2^2$、$O_2 m_2^3$ 岩溶发育微弱,以溶裂、裂隙含水为主,为弱含水段。抽水试验结果,单井出水量为 210～415 m³/h(井径 0.25 m,降深 20 m)。井深应达到 225～294 m,井径不宜小于 0.25 m。

龙口施工供水系统右岸供水规模为 1 200 m³/h,其中右岸上游系统供水规模 970 m³/h,右岸下游系统供水规模 230 m³/h。左岸施工供水系统供水规模 180 m³/h,总供水规模为 1 380 m³/h,采取左、右岸分区布置方式。右岸水源井共有 5 口,分上、下游两个供水系统,在上游打 4 口井,其中 1 口备用,供坝址上游用水点使用;在下游打 1 口井。左岸施工供水系统是在坝址下游左岸的滩地上打 1 口井,供左岸施工用水。

龙口右岸上游供水系统供水规模为 970 m³/h,在坝址右岸上游二道沟与三道沟之间打 3 口井,另在二道沟西侧打 1 口备用井,井位高程在 910～929 m,选用 350JC340 - 14×5 型深井泵 4 台。4 口井水两两汇集到岸边砂石厂南部 926 m 高程的 1 000 m³ 水池,自流供坝体施工用水及冷却用水,926 m 高程水池边设上游一级泵站,站内设 200D₁ - 43×2 型多级离心泵 4 台,其中 1 台备用。水泵将 926 m 水池中水提升至砂石厂上部 980 m 高程的 3 个 1 000 m³ 水池。自流供右岸砂石加工厂、三道沟东侧采石场、右岸上游修配加工企业等。

右岸下游供水系统供水规模为 230 m³/h,在坝址右岸下游约 1 km 处的 868.5 m 高程打 1 口井,选用 350JC340 - 14×3 型深井泵 1 台,深井泵将地下水抽至井边 500 m³ 水池,池边设右岸下游一级泵站,站内设 200D₁ - 43×4 型多级离心泵 2 台,其中 1 台备用。水泵将水提升到 990 m 高程的 1 000 m³ 水池,自流供右岸施工生活区、混凝土生产系统及其右岸下游的修配加工企业用水。

左岸施工供水系统的供水规模为 180 m³/h,在坝址下游约 600 m 处左岸 870 m 高程的滩地上打井,选用 DJ155 - 30×5 型深井泵 1 台,深井泵将地下水抽至 940 m 高程的 300 m³ 水池自流供 872 m 高程的修配加工企业区用水。水池边设左岸一级泵站,站内设多级离心泵 2 台,其中 1 台备用,型号为 150D₁ - 30×3 型。水泵将 940 m 水池水提升到 1 000 m 高程的 500 m³ 水池,自流供左岸施工生活区及其附近的修配加工企业区用水以及坝体施工及冷却用水。

右岸供水系统不计管线的占地面积 3 000 m²,建筑面积 520 m²。左岸供水系统不计管线的占地面积 700 m²,建筑面积 150 m²。供水系统三班制生产。

三、施工供电系统及通信系统

龙口工程施工用电总负荷 16 950 kW,施工供电电源引自万家寨水利枢纽工程已建施工变电站,电压 110 kV,一回线路、输电距离 25 km。

工程施工变电站设在左岸山坡上,变电站总容量为 12 600 kVA,采用 2 台 6 300 kVA 变压器。变电站占地面积 5 000 m²,设站地坪 968 m 高程。

变电站依据施工负荷的位置分布,共规划 7 回 10 kV 输电线路,左岸 3 回、右岸 4 回,输电线路总长度 20.5 km(其中 2.5 km 为电缆线路)。

为确保工程施工期间重要施工部位及施工管理中心的供电不致间断,还设置了必要的施工备用电源。自备电源采用 5 台柴油发电机组,单机容量 200 kW,总容量为 1 000 kW。

为满足龙口水利枢纽工程施工期间对内、对外联系的需要,施工通信拟建程控交换及移动式通信设施,并与永久通信合建 800 MHz 集群通信系统、光纤通信系统以及对外中继线工程。

第六节 修配及综合加工厂

一、组成

龙口水利枢纽工程区交通方便,根据工程特点,修配及综合加工厂设置钢筋加工厂、木材加工厂、混凝土预制厂、金属结构拼装场、机械保修厂、汽车保养厂等,施工机械和汽车仅设保养及小修,而大中修则依靠地方企业解决。各修配加工企业均为每日一班制生产,高峰时临时两班制生产。

二、修配及综合加工厂

(一)钢筋加工厂

该工程主体钢筋总量约 2.5 万 t,其中左岸用量约占 2/3,右岸占 1/3。因此,在左、右岸各设 1 座钢筋加工厂:左岸生产能力 20 t/班,建筑面积 100 m^2,占地面积 5 000 m^2;右岸生产能力 10 t/班,建筑面积 100 m^2,占地面积 3 000 m^2。

(二)木材加工厂

该工程木材主要用于模板制作,随着施工技术的日益提高,木模板大部分已被钢模板替代,故木材加工和模板制作量不大。因此,在右岸设木材加工厂 1 座,木材加工厂建筑面积 200 m^2,占地面积 3 000 m^2。

(三)混凝土预制厂

该工程共有混凝土预制件约 2 000 m^3,在右岸设混凝土预制厂 1 座,生产能力为 10 m^3/班,预制厂建筑面积 100 m^2,占地面积 3 000 m^2。

(四)金属结构拼装场

该工程共有金属构件约 7 500 t,在左岸设金属结构拼装场 1 座,金属结构拼装场建筑面积 200 m^2,占地面积 6 000 m^2。

(五)机械保修厂

该工程共有大中型施工机械 100 余台套,工地不考虑施工机械的大修,只在右岸坝头附近设机械保修厂,担负工地施工机械的保修及小修。机械保修厂年保修劳动量 12 万工时,建筑面积 100 m^2,占地面积 3 000 m^2。

(六)汽车保养厂

该工程共有运输机械约 70 余辆。工地不考虑施工及运输机械的大修,只在右岸坝头附近分别设汽车保养厂,担负工地各种运输机械的各级保养及小修。汽车保养厂年保修劳动量为 14 万工时,建筑面积 100 m^2,占地面积 4 000 m^2。

第五章　云南省李仙江戈兰滩水电站施工工厂设计

第一节　水电站工程概况

一、工程位置及任务

云南省李仙江戈兰滩水电站位于云南省普洱市江城县与红河州绿春县界河上,左岸距红河州绿春县县城约 114 km,右岸距思茅地区江城县县城约 50 km,上距居甫渡水电站约 44 km,下距土卡河水电站约 30 km,距国境线约 41 km。由昆明经玉溪、元江、墨江、磨黑、普洱、思茅、江城至戈兰滩水电站公路里程约 622 km,由昆明经玉溪、元江、墨江、泗南江、戈兰滩水电站公路里程约 420 km。

李仙江属红河一级支流,发源于云南省南涧县宝华乡石丫口山,流经云南省景东、镇沅、墨江、普洱、江城、绿春等县。李仙江干流在阿墨江(李仙江第一大支流)汇口以上称为把边江,汇口以下始称李仙江。李仙江干流在云南省境内河道长 473 km,天然落差 1 790 m。李仙江干流自把边桥起的下游河段规划分为七级水电开发,分别为崖羊山、石门坎、新平寨、龙马、居甫渡、戈兰滩、土卡河。戈兰滩电站是李仙江干流七个梯级电站中的第六级,亦是电站装机规模最大的一级,坝址控制流域面积 17 170 km^2,多年平均流量 407 m^3/s。

戈兰滩梯级电站的主要任务是发电,电站装机容量 450 MW,多年平均发电量 20.182 亿 kW·h,装机利用小时 4 485 h。

二、工程简介

戈兰滩水电站以发电为主,水库总库容 4.09 亿 m^3,电站装机 3 台,单机容量 150 MW,总装机容量 450 MW。根据《水利水电工程等级划分及洪水标准》(SL 252—2000)的规定,工程等别为 II 等,工程规模为大(2)型,拦河坝、泄水、冲沙、发电引水及发电厂房等主要建筑物级别为 2 级,护岸等次要建筑物级别为 3 级。拦河坝为碾压混凝土重力坝,大坝设计洪水标准为 100 年一遇洪水,校核洪水标准为 1 000 年一遇洪水。

戈兰滩水电站枢纽采用折线式碾压混凝土重力坝、河床坝段布置泄洪排沙建筑物、左岸布置引水发电系统、岸边式地面厂房枢纽布置方案。主要建筑物由碾压混凝土重力坝、泄水及下游消能防冲建筑物、发电引水建筑物等组成。

碾压混凝土重力坝轴线采用折线布置,共分 16 个坝段。泄水建筑物布置在 $9^\#$ ~ $12^\#$ 坝段,采用 5 个表孔和 2 个底孔上下交错的布置型式:表孔孔口尺寸为 13 m × 18 m(宽 × 高),底孔孔口尺寸为 4 m × 7 m。泄水建筑物下游采用宽尾墩、底流联合消能方式,消力池长 110 m,池底宽 84 m;消力池尾坎高 8 m。防冲板位于消力池尾坎下游,长 20 m。

电站进水口采用坝式进水口,位于 $3^\#$ ~ $5^\#$ 坝段,一机一孔,孔口尺寸为 7.5 m × 8.9 m。发电引水隧洞为圆形断面,洞径 7.5 m,洞间距 21 ~ 22 m,单洞平均长度 333.47 m。为有利于降低电站进水口前泥沙淤积高程,在 $5^\#$ 坝段、电站进水口右侧设冲沙洞进口,孔口尺寸为 3.5 m × 3.5 m。冲沙(隧)洞为圆形断面,洞径 3.5 m,长 253 m。

电站厂房距坝轴线约 300 m,位于河床左侧岸边。主厂房长 144.5 m,宽 24.7 m,高 69.8 m,厂内安装单机容量 150 MW 混流式水轮发电机组 3 台。主厂房卸货平台位于厂房左侧,与进场公路末端齐平。主厂房厂内布置 1 台 250 + 250/50 t 双小车桥式起重机,桥机跨度 20 m。

GIS 开关站和电站副厂房均位于主厂房上游侧,GIS 开关站位于临河一侧(右侧),长 69 m,宽 10.5 m,高 23.3 m,为三层混凝土框架结构;副厂房位于 GIS 开关站左侧,长 52 m,宽 10.5 m,高 23.3 m,为五层混凝土框架结构。出线平台布置于 GIS 开关站和副厂房顶部,长 47 m,宽 20 m。

下游桥位于拦河坝下游约 900 m,为沟通两岸的主要交通设施。下游桥左岸有公路与电站厂房和左坝肩相接;右岸有公路与右坝肩相接,通过进场公路可直达江城县县城。坝址距江城县县城约 50 km。

三、气象与地质

李仙江流域地处南亚热带高原季风气候区,受季风、地形、低纬的影响,形成复杂多变的气候特征。流域内降水量在季节和地域上分配不均。夏季湿润多雨,全年约 85% 的降水量都集中在该季;冬季干燥晴朗,降水量少,日照强烈,蒸发强盛。流域内年平均降水量在 1 100 ~ 3 000 mm,年均水面蒸发量在 1 000 ~ 1 400 mm。

工程区地处无量山脉西南部,地势北高南低,山脉多呈 NW—SE 向展布,与区域构造线基本吻合。区内地势高峻,峰峦连绵,沟谷发育。山脉海拔一般在

1 500～3 000 m,最低处为李仙江河谷,最低点高程约为 366 m。切割深度一般大于 1 000 m,多属高中山区和中山区。工程区出露有元古界、古生界、中生界、新生界地层及燕山期、印支期、华力西期侵入岩和华力西期中酸性喷出岩、中基性喷出岩等岩浆岩。

水库区内李仙江总体流向 SE150°,河谷狭窄,水流湍急,河道比降 1.72‰,为“V”形河谷。两岸岸坡较陡,以中山地貌为主,局部为高中山地貌。库区两岸植被茂盛,支流发育。水库区出露地层主要有石炭系、二叠系和三叠系及第四系。其间穿插有华力西期辉绿岩、辉长岩侵入岩、中基性喷出岩和中酸性喷出岩。

坝址区地层主要为二叠系上统龙潭组,岩性主要为凝灰岩、火山角砾岩、砂岩、粉砂岩、凝灰质泥岩、粉砂质泥岩、炭质泥岩及少量蚀变玄武岩,其间穿插有华力西期中基性喷出岩及华力西期辉绿岩、辉长岩岩脉;二叠系下统茅口组、栖霞组和三叠系上统一碗水组分布在坝址区外围;第四系地层广泛分布。物理地质现象主要为岩体风化、卸荷、滑坡和崩塌等。坝址区地层中,地下水类型主要有两种,即第四系松散堆积物孔隙潜水和基岩裂隙水,并以基岩裂隙水为主。坝址区岩体透水性总的规律是随深度增加而减弱,一般情况下与岩体风化程度的垂直变化一致,弱风化岩体多具弱—中等偏弱透水性,进入微风化岩体后透水性明显降低,以微—弱透水岩体为主。

第二节　施工工厂设施

戈兰滩工程施工工厂设施包括砂石加工系统、混凝土生产系统、施工供风系统、施工供水系统、施工供电及通信系统以及修配及综合加工厂等。

砂石加工厂布置在白石岩石料场东部地势相对平缓的三户人家处,加工厂生产能力 900 t/h,成品生产能力 750 t/h,两班制生产。混凝土生产系统设计拌和楼的生产规模为 300 m^3/h,选用 4×3.0 m^3 强制式拌和楼 2 座,2 座拌和楼的总铭牌生产能力为 480 m^3/h,三班制生产。

施工供风系统左岸供风容量 140 m^3/min,右岸供风容量 80 m^3/min。混凝土生产系统供风容量 40 m^3/min,供风总容量 260 m^3/min。施工供水系统总供水规模 1 850 m^3/h,其中右岸供水规模 1 800 m^3/h,左岸供水规模 50 m^3/h。施工供电系统工程施工高峰用电负荷 8 666 kW,变电站总容量为 12 600 kVA,采用 2 台 6 300 kVA 变压器。通信系统建程控交换及移动式通信设施,并与永久通信合建 800 MHz 集群通信系统、光纤通信系统,以及对外中继线工程。

修配及综合加工厂:钢筋加工厂生产能力 15 t/班,木材加工厂生产能力 30 m³/班,混凝土预制构件厂生产能力 10 m³/班,机械保修厂年保修劳动量 4 万工时,汽车保养厂年保养劳动量 6 万工时,均为一班制生产。

戈兰滩工程施工工厂设施技术指标汇总详见表 5-1。

表 5-1　戈兰滩工程施工工厂设施技术指标汇总

序号	名称	生产能力	班制	建筑面积 （m²）	占地面积 （m²）	备注
一	砂石加工厂	900 t/h	二	400	31 000	处理能力
二	混凝土生产系统	300 m³/h	三	400	20 000	
三	施工供风系统	260 m³/min	三			
1	左岸	140 m³/min	三	200		
2	右岸	80 m³/min	三	120		移动式
3	混凝土生产系统	40 m³/min	三	120		
四	施工供水系统	1 850 m³/h	三			右岸 1 800 m³/h
五	施工供电系统	12 600 kVA	三			
六	钢筋加工厂	15 t/班		80	3 000	
七	木材加工厂	30 m³/班	一	660	5 000	
八	混凝土预制构件厂	10 m³/班	一	60	1 000	
九	机械保修厂	4 万工时/年	一	300	2 400	
十	汽车保养厂	6 万工时/年	一	800	3 500	

第三节　砂石加工系统

一、料场比较与选择

戈兰滩水电站工程混凝土总量约 180 万 m^3,砂石料总需要量约为 396 万 t。

该工程区附近没有可利用的天然砂石料,工程采用人工砂石料。根据地质勘察报告,坝址附近有比底、阿波、八队、阿东和白石岩 5 个石料场可供选择。

比底石料场位于上坝址上游、李仙江左岸,距上坝址直线距离 11 km,料场与坝址之间有简易道路相通,公路运距为 13 km。料场地形起伏较大,相对高差300 m 以上。中部发育一条较大冲沟,平时无水。料场植被较好,种植有香草、橡胶树及农作物。料场大部分被第四系坡残积物覆盖,仅局部出露有基岩。基岩地层为二叠系下统茅口组,岩性为厚层、巨厚层白云质灰岩、灰岩夹少量薄层泥质灰岩,灰色或灰白色。该组地层呈长条状展布,出露高程 600 ~ 700 m。该料场有用层储量为 826.7 万 m^3,无用层体积为 566.4 万 m^3。

阿波石料场位于坝址下游阿波村附近,距上、下坝址距离分别为 25 km 和23 km。料场呈长条状,地形起伏较大,山顶高程为 900 m,相对高差大于 300 m。料场植被较好,分布有农田及林木。料场大部分覆盖有第四系坡残积物,仅局部出露基岩,基岩地层为二叠系下统茅口组,岩性为灰岩、白云质灰岩,灰色或灰黑色,厚层、巨厚层状,方解石脉或方解石团块含量较高,岩体中微裂隙发育。岩石碱活性检测结果显示,该料场白云质灰岩、灰岩。料场有用层储量约 480 万 m^3、无用层体积约 120 万 m^3。

八队石料场位于上坝址下游,坝溜橡胶场八队附近,料场紧邻下坝址,距上坝址 2 km,之间有简易道路相通。料场长度 1 km 左右,宽度 200 ~ 300 m,地面高程在 400 ~ 740 m,相对高差大于 300 m,植被较好,种植有橡胶林。料场大部分覆盖有第四系松散堆积物,厚度 30 m 左右,基岩地层为二叠系上统龙潭组,岩性以砂岩为主,夹泥质粉砂岩、泥岩及凝灰岩。砂岩,中厚层—厚层状,粗粒结构;泥质粉砂岩或泥岩为薄层状。料场有用层为砂岩,据勘探资料,岩体全风化厚度 5 m 左右,强风化厚度 35 m 左右。料场储量丰富,有用层储量大于1 000 万m^3。该料场剥离层厚度大,开采较困难。

阿东石料场运距近,但储量远远不足,且剥采比大,开采困难。

白石岩石料场位于李仙江下游右岸,剥采比较大,有用储量 443.2 万 m^3,无用层体积约为 304.4 万 m^3（其中剥离层体积 159.8 万 m^3，夹层体积 144.6 万 m^3）。料场大部分基岩裸露，表部岩体为弱风化，弱风化垂直深度一般 20～30 m。局部被第四系坡残积物覆盖，覆盖层小于 5 m，料场岩石物理指标及储量满足设计及规范要求。从石料场沿右岸进场公路前行约 1 km 为砂石加工厂，前行约 8 km 为坝址，运输条件较好。

5 个石料场中阿东石料场储量不足，八队石料场覆盖层厚开采困难，阿波石料场运距远，比底石料场运距较远且种植经济作物，白石岩石料场因运距近且运输条件好作为选定料场。

二、料场规划与开采

白石岩石料场为长约 2.2 km、宽约 60 m 的条形地带，地面高程在 800～990 m，高差近 190 m，大致呈南北走向。料场岩性为厚层、中厚层灰岩，灰色—深灰色，含有白色方解石脉，局部夹少量薄层粉砂岩。该石料场岩石物理指标基本满足规范要求，但部分岩样饱和单轴抗压强度小于 40 MPa。由于溶蚀裂隙及溶洞发育，并充填有碎石及泥土，加工过程中需进行冲洗，耗水量大，料源总体质量一般。石料场剥采比大，有用层厚度小，且两侧被无用层围限，料场开采条件较差。石料场紧邻进场公路，运输方便，但开挖初期将会影响公路交通。

石料场开挖需采用立面开采。根据场地和地形的特点，开采的总体走向确定为由近到远即由南至北、由地势低到高的顺序进行开采，可减少无用层的开采，缩短毛料运距，降低成本。

此外，为降低剥采比，石料场除按上述顺序开采外，东西方向还应从西侧或灰岩露头处进行开挖，尽量减少对东侧的开挖。因为石料场东侧覆盖层剥离量很大，且根据地层产状，开挖面会出现负坡，有用层浪费较大；石料场南端临近进场公路，开采初期会影响交通，但如果提前开采，则可避开运输高峰。

根据白石岩石料场地形情况，料场的开采应由 800 m 高程由南向北、由下向上分层梯级推进式开采，每个梯段高 9～12 m，梯段坡面角度以 55°～65° 为宜。从 800 m 高程先期开挖工作平台，平台宽 20～24 m，并和进场公路连接，便于运输。由于石料场宽度有限，仅 60 m，为避免大量机械设备运行可能造成的相互干扰，应根据实际情况，把设备分成两组，沿料场长度方向布置 2 个采掘面同时进行开采，以提高开采效率和设备的利用率。

开采设备选用 2 台英格索兰 CM351 履带式爆破钻孔机钻孔爆破，该钻孔机随机配套有高效率移动式空压机，无须配置固定式空压机站，无须外接水电管线,机动灵活。行走以柴油为动力,爬坡能力35°,钻孔以压缩空气为动力,可钻直径为 64 ~ 140 mm 的钻孔,结构简单,寿命长,效率高,钻爆产量单台为 658 t/h。集料采用 1 台 180 HP 推土机,装料采用 4 台 2 m³ 履带式挖掘机。

毛料运输配备 40 辆容积相对较小、机动性好的 15 t 自卸汽车,该车最小转弯半径 8 m,机动灵活,适合山地作业,平均运距 1 km。

根据混凝土高峰月平均浇筑强度 9.85 万 m³,采石场采运能力确定为 36.2 万 t/月、1.45 万 t/日。

岸边厂房基础开挖弃料也可作为混凝土骨料料源,厂基地层岩性为安山岩,根据坝址区岩石物理力学性质试验成果,弱风化安山岩饱和单轴抗压强度平均值为 57.8 MPa,微风化—新鲜安山岩饱和单轴抗压强度平均值为 76.8 MPa,岩石强度满足规范要求。初设阶段还对坝址区安山岩进行了碱活性试验,试验方法采用砂浆棒快速法,试验成果表明:坝址区安山岩为非活性骨料,可以作为混凝土骨料使用。

三、砂石加工厂

戈兰滩水电站工程混凝土总量约 180 万 m³,混凝土最大级配为三级配,砂石料的总需用量为 396 万 t,其中 40 ~ 80 mm 大石 75 万 t,20 ~ 40 mm 中石 110 万 t,5 ~ 20 mm 小石 95 万 t,小于 5 mm 人工砂 116 万 t。设人工砂石加工厂 1 座。

白石岩石料场开采的毛料经砂石加工厂破碎加工后制成工程所需的人工砂石料,为戈兰滩水电站工程提供主体与临建工程混凝土浇筑所需的砂石骨料。根据混凝土高峰月平均浇筑强度 9.85 万 m³、碾压混凝土最大浇筑块面积 5 280 m²,确定人工砂石加工厂毛料小时处理能力 900 t/h,月处理能力 31.5 万 t。成品小时生产能力 750 t/h,日两班制生产。

该工程人工砂石料料源选自白石岩石料场开采的毛料。石料场距坝址直线距离 3.5 km,沿右岸进场道路行进距离约 8 km,为减少毛料运输距离,降低毛料运输成本,缓解右岸进场道路的交通压力,砂石加工厂选在白石岩石料场东部地势相对平缓的三户人家处,与石料场仅一沟之隔,毛料的平均运距约 1 km。

该工程砂石加工厂建筑面积 400 m²,占地面积约 31 000 m²。

砂石加工厂的北面紧靠右岸进场公路,若要与之相接,还需修筑约 400 m 的场内公路。根据该处的地形、地质条件,拟将进场公路进行局部裁弯取直,使之形成一个约 825 m 高程、面积约 5 000 m² 的卸料平台。

　　825 m 高程平台除作为卸料平台使用外,还可在其上布置粗碎车间,并将其作为成品砂石料的出料场。这样,进、出料的运输车都利用此平台作为回车场,充分利用这个平台,可大大缩减场内公路的修筑长度。

　　砂石加工厂由粗碎车间、预筛车间、中碎车间、半成品料堆、筛分楼、细碎车间、制砂车间、成品料堆及皮带运输机等部分组成。由于当地气候温和,冬季砂石加工厂不停产,故成品砂石料的储备量可大为减少。

　　根据砂石加工厂处的实际地形,确定成品堆场活容量 1.3 万 t,可满足混凝土高峰月平均浇筑强度 2 d 所需的砂石骨料需用量。

　　毛料由自卸汽车运至粗碎车间,粗碎车间设 2 台 PX900/130 重型旋回破碎机,经旋回破碎机破碎后由槽式给料机经皮带机送进预筛车间。

　　预筛车间布置 2 台 YH1836 重型振动筛,筛上大于 80 mm 的料经皮带机运送到中碎车间,筛下小于 80 mm 的料由皮带机运至半成品料堆。

　　中碎车间设 2 台 PYB2200 型标准圆锥破碎机,经标准圆锥破碎机破碎后的料由皮带机运至半成品料堆。

　　半成品料堆下设一排振动给料机和一条皮带机,半成品料经振动给料机卸到皮带机上,再由皮带机运至筛分楼进行筛分,筛分楼设上下两层筛分机,共设 4 组筛分机。上层为 YK1845 型单层圆振动筛,筛孔尺寸 40 mm,筛上为 40 ~ 80 mm 的大石由分料叉管分为两路,一路由皮带机运至碎石成品料堆,另一路由皮带机送进细碎车间破碎;下层为 2YK1845 型双层圆振动筛,筛孔尺寸分别为 20 mm 和 5 mm,筛上 20 ~ 40 mm 的中石及筛网间为 5 ~ 20 mm 的小石料均由分料叉管分为两路,一路由皮带机运至碎石成品料堆;另一路由皮带机送进细碎车间破碎,筛下为小于 5 mm 的砂料,经筛分机下的螺旋分级机洗砂后获得人工砂,由皮带机送到成品砂料堆;细碎车间内设 2 台 PYZ2200 中型圆锥破碎机及 2 台 PY2200 型短头圆锥破碎机。40 ~ 80 mm 的大石进中型圆锥破碎机进行破碎;20 ~ 40 mm 的中石进短头圆锥破碎机进行破碎,破碎后的料回到筛分楼进行筛分。

　　制砂车间由棒磨机制砂,设有 MBZ2100 × 3600 型棒磨机 8 台,经棒磨机下的螺旋分级机洗砂后,成品砂由皮带机送至成品砂料堆。

　　成品砂料堆下设有一排振动给料机和一条皮带机,成品砂石料经振动给料机卸料,再由皮带机输送至 825 m 高程平台上,由 15 t 自卸汽车运往坝下右岸混凝土拌和系统,运距 6 km。

　　戈兰滩水电站砂石加工厂工艺流程详见图 5-1。

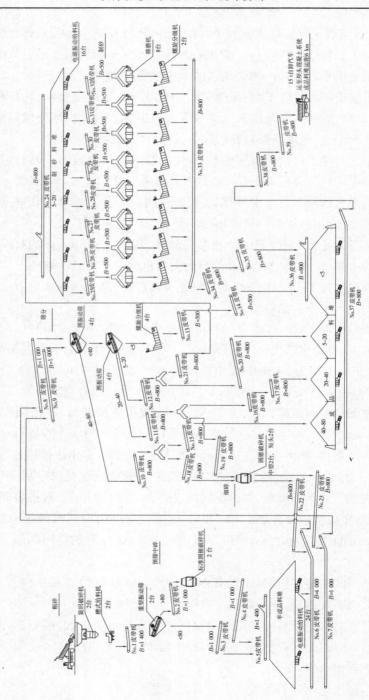

图 5-1　戈兰滩水电站砂石加工厂工艺流程

第四节　混凝土生产系统

一、系统规模及组成

戈兰滩水电站工程混凝土总量约 180 万 m³,其中大部分为碾压混凝土,其余为预制混凝土和衬砌混凝土,根据混凝土高峰月平均浇筑强度 9.85 万 m³、碾压混凝土最大浇筑块面积 5 280 m²,每日三班制生产,设计混凝土小时生产能力 300 m³/h。选用 4×3 m³ 强制式拌和楼 2 座,碾压混凝土单台生产能力 180 m³/h,常态混凝土单台生产能力 240 m³/h,碾压混凝土总生产能力 360 m³/h,常态混凝土总生产能力 480 m³/h,满足工程高峰浇筑时段混凝土的需求。

混凝土拌和系统由以下设施及构筑物组成:混凝土拌和楼、制冷楼、散装水泥罐、砂石骨料成品料堆、皮带运输机、空压机房、混凝土试验室、外加剂间、值班室等。

二、系统位置及工艺流程

根据戈兰滩工程施工总布置,将混凝土拌和系统布置在坝址右岸下游约 700 m 高程的山坡上,位于坝址下游交通桥的西部。高程在 530~585 m,与砂石加工厂场地特点相同,混凝土拌和系统地处山坡,成品料堆不能布置过大,设计料堆活容量为 2 万 m³,可满足混凝土高峰浇筑时段 3 d 的骨料需用量,与砂石加工厂成品料堆合计,可满足混凝土高峰浇筑时段 5 d 的骨料用量。

水泥系统布置 4 座 1 500 t 散装水泥罐,总容量为 6 000 t。其中 3 座水泥罐,1 座掺合料罐,散装水泥总容量 4 500 t,满足混凝土高峰浇筑时段 5 d 的水泥需用量。另设袋装水泥仓库 3 500 m²,以备特殊标号水泥的需要。散装水泥由散装水泥罐车直接运至工地,气力卸入散装水泥罐;散装水泥罐为钢结构,在罐下设喷射泵,将散装水泥气力送入拌和楼的水泥罐内。

工程所在地冬季气候温和,骨料无需预热。但因当地夏季气温较高,需设置骨料预冷装置。拟设制冷楼 1 座,制冷容量 625 万 kcal/h,冷却方式采用风冷骨料加冷水拌和混凝土,使混凝土出机口温度达到设计要求。

混凝土拌和系统建筑面积 400 m²,占地面积 20 000 m²。

混凝土生产工艺包括砂石上料、水泥上料、掺合料上料及外加剂投加等。砂石骨料的成品料堆呈一字形布置,料堆下设双排振动给料机卸料,两条皮带机出料,各级成品砂石料由皮带机输送至 2 座拌和楼的骨料仓内,在拌和楼内完成混凝土的拌制,骨料的夏季预冷采用风冷,拟在拌和楼的骨料仓内进行骨料的预冷。水泥、掺合料以气力输送的方式装卸,散装水泥或掺合料从散装料罐由喷射泵输送至拌和站内的散装料罐内;外加剂用耐腐蚀泵向拌和站内输送。

第五节　施工供风、供水、供电及通信系统

一、施工供风系统

该工程石方开挖主要包括厂坝基础和引水、冲沙洞开挖等。石方明挖月高峰开挖强度 14.14 万 m^3,该工程拟在左、右岸各设 1 座压气站,另在坝头混凝土系统设 1 座压气站。左、右岸压气站主要供主体工程的施工用风,混凝土系统内设的压气站主要供给混凝土拌和系统的用风。混凝土系统用风包括拌和楼、散装水泥及掺合料的装卸用风等。戈兰滩工程设计总供风能力 260 m^3/min。

根据需要,在施工区内另配 4 台 12 m^3/min 移动式空压机。

左岸压缩空气站设计供风能力 140 m^3/min,主要供大坝左岸边坡开挖、岸边式厂房基础开挖、左岸引水洞洞挖的开挖用风。站内共设 5 台空气压缩机,其中 2 台 40 m^3/min 的空压机,型号为 5L-40/8 型;3 台 20 m^3/min 的空压机,型号为 4L-20/8 型。压气站设在左岸坝址附近,与用风量最大的大坝左岸边坡开挖面距离较近,可减少压缩空气的损耗。左岸压气站的建筑面积为 200 m^2。

右岸压缩空气站设计供风能力 80 m^3/min,主要供给大坝右岸边坡开挖用风,设在右岸坝址附近。站内共设 3 台空气压缩机,其中 1 台 40 m^3/min 的空压机,型号为 5L-40/8 型;2 台 20 m^3/min 的空压机,型号为 4L-20/8 型。右岸压气站的建筑面积为 120 m^2。

混凝土系统压气站设计供风能力 40 m^3/min,主要用于散装水泥和掺合料的装卸,并向 2 座混凝土拌和楼提供压缩空气。站内共设 3 台空气压缩机,其中 1 台 20 m^3/min 的空压机,型号为 4L-20/8 型;2 台 10 m^3/min 的空压机,型号为 3L-10/8 型。混凝土系统压气站设在右岸混凝土系统的 530.0 m 高程平台上,与散装水泥罐和两座拌和楼布置在同一个平台上,供风距离都比较近,建筑面积为 120 m^2。

二、施工供水系统

该工程拟建左、右岸 2 个施工供水系统,总设计供水能力 1 850 m^3/h。左岸施工供水系统供左岸厂房、引水洞、冲沙洞和导流洞等施工生产和生活用水,设

计供水能力 50 m³/h。右岸施工供水系统承担着工程建设期人工砂石生产、混凝土拌和及右岸施工生产和生活供水任务,是工程施工生产、生活的主要供水系统,设计供水能力 1 800 m³/h。

右岸施工供水系统本着"低水低用,高水高用,分质供水"的原则进行设计。砂石加工厂、混凝土生产系统及落锅村业主和承包商营地纳入一个供水分系统,设计供水能力为 1 350 m³/h,该分系统承担工程建设期人工砂石加工系统、混凝土拌和系统、部分施工辅助企业以及右岸落锅村业主和承包商营地的供水任务。大坝施工及其他用水因用水点高程较低,且左、右岸有自流水源,施工用水容易就地解决,可采用水泵从李仙江抽水或左、右岸支流自流方式供水,由大坝承包商自行解决,该分系统设计供水能力 450 m³/h。

李仙江水电站坝址河谷呈"V"形,两岸山顶高程最高达 1 025 m,谷岭高差最大超过 650 m,两岸地形坡度一般 35°~45°,坝址处李仙江流向为自北向南,枯水季水面高程在 365.5 m 左右,水面宽一般在 50~60 m,水深 2~10 m。坝址处李仙江水位年变幅一般约为 20 m。

李仙江及其支流水量充沛,一年四季流水不断,均可作为施工供水水源。取样分析试验结果表明,江水属重碳酸钙镁型水,对混凝土无腐蚀性。

工程区发育一级支流有 7 条,从上游至下游,右岸发育有后碧河、岔河、林石河和夺糯河,其中后碧河和岔河位于坝轴线上游,河口距坝轴线距离分别为 2.5 km 和 1.5 km;林石河和夺糯河位于坝轴线下游,河口距坝轴线距离分别为 1.5 km 和 2.5 km。左岸发育有尺谷河、米长河和牛落河,其中尺谷河和米长河位于坝轴线上游,河口距坝轴线距离分别为 2 km 和 1 km;牛落河位于坝轴线下游,河口距坝轴线约 1.5 km。

岔河发育 2 条支流,分别为北支流洛鸣巴河、南支流试金河。试金河位于右岸进场道路五层路下方,平掌行政村村南,其发源地在龙潭村附近。该河流域面积估算约 15 km²,流量约 0.218 m³/s。目前,有简易道路可通到河底。

通过现场查勘,表明试金河水质是清澈的,无需处理即可满足施工生产需要,但结合各支流现状,据两岸及上游自然条件推测,汛期降雨较大时,水流可能变浑,经过处理方能满足使用要求。试金河水质经取样化验,证明其理化指标除大肠杆菌超标外,其余完全符合饮用水标准。

林石河河口位于坝轴线下游 1.5 km 处,河水全年大部分时间水质清澈,经观测河口流量约在 0.4 m³/s 以上,无需处理可满足施工生产需要,但汛期降雨较大时由于两岸植被被毁,泥沙随雨水汇入林石河,致使其河水含泥量增加较多而无法直接使用。

因此,确定米长河为左岸施工供水主要水源,牛落河为补充水源。试金河为右岸施工供水主要水源,林石河为补充水源。

左岸施工供水系统拟从米长河取水,牛落河为备用水源,均自流至左岸坝头和岸边厂房之间520 m高程的800 m³水池,供左岸施工及生活用水。

右岸施工供水系统有两个方案:方案一"试金河自流引水、林石河抽水补充"及方案二"试金河自流引水、砂石厂废水回用",现对两个方案进行论证比选。

(1)方案一"试金河自流引水、林石河抽水补充"。利用试金河作为主要水源,引水规模720 m³/h(0.20 m³/s);林石河作为补充水源,取水规模630 m³/h(约0.18 m³/s),总取水规模1 350 m³/h(约0.38 m³/s),供右岸砂石加工厂、混凝土生产系统和业主及承包商营地使用。取水管线采用DN560 mm钢管从试金河引水,引水高程约940 m,试金河水自流进入施工营地附近水处理厂的配水加药间。试金河水量不足时,由林石河取水补充。在配水加药间内加入絮凝剂后,流入机械搅拌澄清池,该澄清池共设2座,处理能力分别为900 m³/h、430 m³/h。河水在池内经过絮凝、反应、沉淀等工艺处理后,流入823.70 m高程的1#、2# 500 m³水池,在加压泵站布置8SH-9单级双吸离心泵5台,其中4用1备,将水提升至871 m高程的3#、4# 1 000 m³水池,自流至砂石厂西北侧的5#生产水池,该水池容量为1 000 m³,高程为859 m。5#生产水池分两路自流供水,一路管线供砂石加工厂,另一路沿进场公路管线继续自流进入营地高程约790 m的6# 500 m³生产调节水池和830 m高程的200 m³水池。从200 m³水池引水进入净水器车间,经过净水器的净化处理达到国家生活饮用水水质要求后,流入高程约800 m容量70 m³的1#生活水池,经变频调速恒压水泵提水供落锅村业主营地生活用水;从6# 500 m³生产调节水池引一路管线水沿公路自流进入混凝土生产系统西北侧的7#、8#两座1 000 m³水池,其高程为642 m,自流供混凝土生产系统用水。

在白石岩以南偏西的林石河上筑坝并布置吸水井,在岸边设一级取水泵站,将水提升至二级取水泵站附近的1座500 m³水池,经二级取水泵站将水提升到水处理厂的配水加药间,其后进入上述试金河水的水处理工艺流程,以解决试金河取水水量不足的问题。

(2)方案二"试金河自流引水、砂石厂废水回用"。试金河为主要取水水源,砂石厂废水回用作为砂石生产补充水源,参考其他工程实践经验,废水回收率按50%计,砂石厂用水量按900 m³/h考虑,确定废水回用规模为450 m³/h,从而确定试金河引水规模为900 m³/h,右岸供水总规模为1 350 m³/h,供右岸施工生产、生活用水即可满足要求。

鉴于白石岩石料场岩体裂隙及溶蚀发育,泥质充填现象普遍,开采石料及回收废水含泥量大,砂石加工厂废水回收系统拟由水处理车间、循环水泵站、废水水池、循环水池、排水沟以及输水管路组成。

从供水规模、工艺布置、设备配置和构(建)筑物数量、供水方案可靠性、管理方面、工程造价等方面进行比选。方案一除供水设备较多、工程造价略高外,其他方面优势明显。方案二,虽然人工砂石加工系统生产废水回收利用方案理论上成立,但是根据现场踏勘的实际地形,在其附近选择比较合适的场地是很困难的,而且废水回用系统的废水回用率直接受该系统运行管理水平、白石岩石料场石料含泥量等不确定因素的影响,因此废水回用系统补充供水的保证率低。同时,运行费用也较高,更需要严格的管理机制。鉴于戈兰滩水电站施工期较短的情况,不推荐右岸施工供水系统设置人工砂石厂废水回用方案。为确保戈兰滩水电站主体工程按计划顺利实施,推荐方案一作为戈兰滩水电站右岸施工供水方案。

方案一的设计中考虑到枯水期水质较清,可以不经机械搅拌澄清池絮凝、反应、沉淀等水处理工艺,通过超越管直接进入 $1^{\#}$、$2^{\#}$ 500 m^3 水池,再由水泵提升至 871 m 高程的 $3^{\#}$、$4^{\#}$ 1 000 m^3 水池,还可降低施工供水系统的运行成本。

为降低工程造价、加快施工进度及日常运行检修管理便利,供水管线采用螺旋焊接钢管沿公路敷设,从取水口至各生产水池的管线为干管,从生产水池至各用户端管线则为支管。支管由各用户负责,由业主指定位置引接。

泵站间联合控制调度方式采用电话通信调度。泵站泵组控制采用集中控制方式,集中控制设备设置在泵站内。泵组启动方式按软启动方式设计,采用一对一方式启动。水池设水位测量。水位测量显示装置设在每个泵站内。在泵站内设一面水力测量盘。值班室内设电话机,解决泵站联合调度运行与检修通信问题。

三、施工供电及通信系统

坝址区无可接引的施工电源,施工用电拟接自江城变电站,供电电压 35 kV,供电距离约 45 km。

该工程施工用电设备总容量为 21 666 kW,施工用电高峰负荷为 8 666 kW(合 11 555 kVA)。根据工程区的地形、交通条件,拟在落锅营地(负荷中心)附近建造容量为 12 600 kVA 的 35 kV 施工变电站 1 座。

施工变电站内安装 2 台容量为 6 300 kVA 的变压器,其高压侧电压为 35 kV,低压侧电压为 10 kV。变电站低压侧 10 kV 出线规划有 8 回,其中 2 回为备用,全部采用架空线路。

该工程施工用电主要负荷点有:砂石加工厂(含白石岩石料场及一级泵站)、李仙江取水泵站、落锅营地、混凝土拌和系统、大坝混凝土浇筑系统及左岸电站厂房(含引水洞和冲沙洞)。除大坝浇筑所用门机及履带吊电压等级为 6 kV 外,其余均为 380/220 V。

由于江城当地用电比较紧张,施工供电保证率不高,因而还要配备容量约 2 000 kW 的柴油发电机,以确保基坑排水、洞内照明、施工通信、医疗、生活、办公等重点用户的用电需要。

根据该工程建设期的施工规模,拟在落锅营地内设置一台 200 门程控交换机,以满足该工程施工期间内、外联系的需要。

第六节　修配及综合加工厂

一、组成

根据戈兰滩工程特点设置钢筋加工厂、木材加工厂、混凝土预制厂、机械保修厂、汽车保养厂等,施工机械和汽车仅设保养及小修,而大中修则依靠地方企业解决。各修配加工企业均为每日一班制生产,高峰时临时两班制生产。

二、修配及综合加工厂

(一)钢筋加工厂

该工程钢筋总用量约 25 270 t。钢筋加工厂布置在坝址右岸综合加工厂内,其设计生产能力 15 t/班,实行每日一班制生产。钢筋加工厂建筑面积 80 m²,占地面积 3 000 m²。

(二)木材加工厂

该木材加工厂布置在坝址右岸的综合加工厂内。其设计生产能力为 30 m³/班,实行每日一班制生产。木材加工厂建筑面积 660 m²,占地面积 5 000 m²。

(三)混凝土预制厂

该工程混凝土预制量共约 500 m³。预制厂布置在坝址右岸的综合加工厂内,其设计生产能力为 10 m³/班,实行每日一班制生产。预制厂建筑面积 60 m²,占地面积 1 000 m²。

(四)机械保修厂

戈兰滩工程施工大型施工机械约 100 余台套,鉴于工期不长,工地只设施工机械保修厂,并兼顾修钎及部分钢结构的制作。

机械保修厂布置在坝址下游的施工辅企区内,年计划劳动量约 40 000 工时,实行每日一班制生产。机械保修厂建筑面积 300 m²,占地面积 2 400 m²。

(五)汽车保养厂

戈兰滩工程施工需要各种运输机械约 200 余辆,鉴于工期不长,工地只设汽车保养厂。由于地形所限,拟将汽车保养厂布置在坝址左岸。汽车保养厂年计划劳动量约 60 000 工时,实行每日一班制生产。汽车保养厂建筑面积 800 m^2,占地面积 3 500 m^2。

第六章　刚果共和国英布鲁
水电枢纽施工工厂设计

第一节　枢纽工程概况

一、工程位置及任务

刚果共和国英布鲁水电枢纽工程位于刚果河支流莱菲尼河下游,距刚果河汇合口 14 km,距首都布拉柴维尔 215 km。莱菲尼河全长约 280 km,英布鲁水电枢纽坝址以上流域面积 16 000 km²,多年平均径流量 152.4 亿 m³,多年平均流量 484 m³/s。莱菲尼河河道坡度平缓,平均坡降 0.3‰,河谷开阔,河流蜿蜒曲折,自西向东汇入刚果河。

英布鲁水电枢纽的主要任务是发电,承担刚果电力系统调峰、调频和骨干电站作用。正常蓄水位 308.5 m,装机容量 120 MW,多年平均发电量681.45 GW·h,工程建成后,可作为刚果电力系统的骨干电站,向电网输送电力、电量并承担调峰、调频任务,满足刚果现状以及设计水平年生产、生活的用电需求。

二、枢纽简介

英布鲁水电枢纽工程系一单纯发电工程,总库容为 10 亿 m³,电站装机容量为 120 MW,按照中华人民共和国水利部《水利水电工程等级划分及洪水标准》(SL 252—2000)中的有关规定,按库容指标确定工程等别为 Ⅰ 等,大(1)型规模。永久性主要建筑物(包括大坝、泄水闸、电站厂房)按 1 级建筑物设计,次要建筑物(包括电站及泄水闸进口引水渠、泄水闸下游消能建筑物、电站尾水渠等)按 3 级建筑物设计。

按大(1)型规模,大坝、泄水闸、电站厂房设计洪水标准为 1 000 年一遇,相应洪峰流量 962 m³/s;校核洪水标准为 10 000 年一遇,考虑加大 20% 洪峰流量,相应洪峰流量 1 280 m³/s;副厂房、开关站、进场交通设计洪水标准为 200 年一遇,校核洪水标准为 1 000 年一遇;消能防冲建筑物设计洪水标准为 100 年一遇。

枢纽布置主要建筑物沿坝轴线从左至右依次为土石坝、泄水闸、河床电站厂房和右岸接头土坝。土石坝位于主河床,为当地材料坝;泄水闸紧接土石坝布置,由2个底孔和1个表孔组成;河床电站为径流式,电站主、副厂房,开关站,生产辅助用房等布置于右岸,4台主变压器布置于尾水平台上;开关站为开敞式,紧靠右岸坝下布置。枢纽坝顶高程311.50 m,拦河坝坝顶宽7 m,坝顶总长为581 m。其中,左岸土坝长286 m,右岸土坝长132.6 m,泄水闸长34 m,包括安装间在内,主厂房总长128.4 m。生活管理区建筑物等布置于左岸岸坡上,两岸通过坝顶公路连接。各建筑物通过场内公路与右岸进场公路连接,对外交通便利。

泄水闸位于厂房左侧,两者均布置于右岸滩地。两侧以土坝与岸坡相连。上、下游各以引水渠和尾水渠与原河床连接。结合施工导流需要,引水渠、尾水渠渠底高程均为286 m。

安装间布置于厂房右侧,进厂公路从右岸坝头沿右岸土坝下游岸坡而下,经厂前区进入安装间,并在右岸坝头通过坝顶公路与左岸生活区公路连接。

副厂房布置于主厂房下游的厂前区,其地面高程298 m,除副厂房外,厂前区还布置有机修间、绝缘油库、油处理室及35 kV开关站等辅助生产建筑物。

主变压器置于尾水平台,为开敞式布置,高压侧引出线经架空线路通过尾水渠右岸4个单回路转角铁塔进入220 kV开关站。开关站设于右岸土坝下游,尺寸为177 m×66.9 m(长×宽),地面高程298 m。

土坝坝顶高程311.5 m,左岸土坝长286 m,右岸土坝长132.6 m,最大坝高约30.5 m。

泄水闸采用1个底孔,1个表孔的布置型式,以满足施工导流、泄洪、排漂及放空水库的要求。闸顶高程311.5 m,长34 m,闸室宽34.5 m,最大高度35.5 m。底孔尺寸为12 m×7 m(宽×高),底板高程284 m;表孔堰顶高程301.7 m,孔口宽12 m。底孔及表孔均采用弧形工作闸门调节泄量,底孔采用固定卷扬式启闭机启闭,表孔采用液压启闭机启闭。表孔坝段设临时导流底孔,孔口尺寸为12 m×7 m(宽×高),并在后期电站建成投用前予以封堵。

泄水闸采用底流消能,为改善下游水流流态,在表孔与底孔出口之间设中导墙,并下延至消力池末段。消力池段长70 m,底板高程279 m。消力池末端设混凝土海漫,长40 m,海漫后接防冲槽。闸室上游设混凝土铺盖,厚0.5 m,长43.27 m。上、下游与厂房共用的引水渠和尾水渠均结合施工导流,其高程均为286 m。左侧以翼墙与土坝连接,下游右侧则以导墙与电站尾水渠隔开,并于闸身左边墩设刺墙插入坝体,以延长土坝渗径。

在库水位308.5 m情况下,表孔全开泄量为435 m³/s,底孔全开泄量为1 401 m³/s,表、底孔总泄量为1 836 m³/s。

电站厂房为河床式,位于右岸滩地,左侧与泄水闸毗连,右侧以重力式挡土端墙与土坝相接。开关站位于厂房下游右侧,与厂房成90°布置。安装间前为厂前区,布置有副厂房、机修间、绝缘油库、油处理室及35 kV开关站等辅助生产建筑物。

主厂房全长128.4 m,其中机组段长90.9 m,安装间长37.5 m。包括进水口在内的厂房宽度,基础为62.61 m,顶面为66.61 m。

主厂房安装4台30 MW型号为ZZ－LH－550的轴流转桨式水轮机,机组间距21.5 m,水轮机安装高程为284.17 m,发电机层高程为298 m。220 kV主变压器布置在高程为298 m的尾水平台上。

电站进水口底坎高程为286 m,进水口设置事故检修闸门,由坝顶液压启闭机启闭。闸门前设垂直拦污栅采用抓斗清污。当需提栅清污时,可事先将备用栅放入前面的备用栅槽内,拦污栅采用坝顶双向门机操作。栅墩为独立式结构,栅后各机组间水流连通,以增加拦污栅局部堵塞时各机组运行的可靠性。进水口上游布置混凝土铺盖,与泄水闸铺盖相连,长41.89 m,以延长地基渗径。

220 kV开关站为户外敞开式,地面高程298 m。开关站面积为175 m×66.9 m。

三、气象与地质

莱菲尼河流域属于苏丹—几内亚的赤道几内亚气候,全年分旱、雨两季。雨季受东部印度洋的水汽影响,经常发生降雨,雨量充沛。

英布鲁水电枢纽坝址处没有气象站,以距离坝址较近的姆布亚气象站实测气象要素值为设计依据。近期1981～2002年的多年平均降水量为1 598 mm,多年平均水面蒸发量为769.6 mm,多年平均最大相对湿度为97%,多年平均气温为26.3 ℃,极端最高气温为37.6 ℃(3月),极端最低气温为14.5 ℃(7月)。

英布鲁水库库区淹没范围内,除河谷两岸生长着茂密的原始森林外,无农田、村镇及有经济价值的矿产。莱菲尼河谷是该区域范围内地下水汇流、出溢和排泄的相对最低侵蚀基准面,不存在库水向邻谷产生渗漏的问题。库区岸坡由砂壤土和软弱砂岩组成,河谷宽缓,局部存在岸坡再造问题,但对工程不会造成明显影响。库岸岩体透水性强,两岸地下水位坡度小,水库蓄水初期可能产生暂时性渗漏。库尾布旺贝村地下水位埋深浅,水库蓄水后,局部将产生轻微浸没。

从坝基工程岩体利用的角度考虑,与工程直接相关的岩体主要为白垩系(K_2)软弱砂岩和第三系(R)部分砂壤土,其他松散土层均需清除。

工程岩体可分为3个质量等级,即白垩系钙质及局部硅质胶结软弱块层状砂岩(C_{IV-1})、弱钙质胶结松软砂岩(C_{IV-2})和第三系无胶结松散砂壤土或砂

（C_V）。

从工程岩体渗透条件来看，白垩系软弱砂岩岩体呈中等—强透水性；而第三系砂壤土呈弱—中等透水性，其透水性小于下伏白垩系软弱砂岩。除 C_{N-1} 和部分 C_{N-2} 类岩体具有一定的抗渗透变形能力外，包括部分松软砂岩和砂壤土在内的坝基岩土体均存在不同程度的渗透变形问题。

作为土坝地基，两岸斜坡段砂壤土表部富含腐殖质的土壤层需清除；河床及漫滩段截水槽地基应清除至基岩面，即一般以软弱砂岩作为建基岩体。混凝土坝段基础置于下部软弱砂岩顶部。坝基软弱砂岩和砂壤土渗透性强，需考虑坝基防渗措施。

第二节　施工工厂设施

英布鲁工程施工工厂设施包括砂石加工系统、混凝土生产系统、施工供风系统、施工供水系统、施工供电及通信系统以及修配及综合加工厂等。

人工砂石加工厂布置在贡贝石料场附近，加工厂小时处理能力 200 t/h，成品生产能力 160 t/h，人工砂生产能力 60 t/h，日两班制生产。混凝土生产系统设计拌和楼的生产规模为 60 m^3/h，选用 2×1.5 m^3 拌和楼 1 座，铭牌生产能力 72～90 m^3/h，日三班制生产。

施工供风系统坝区供风能力 60 m^3/min，贡贝采石场及混凝土生产系统供风能力均为 40 m^3/min，供风总容量 140 m^3/min。施工供水系统水源为地下水结合河水，总供水规模 900 m^3/h，其中右岸供水规模 340 m^3/h，左岸供水规模 40 m^3/h，林中空地供水规模 20 m^3/h，贡贝供水规模 500 m^3/h。施工供电系统分坝区和贡贝两地，坝区施工用电负荷 1 900 kW，采用 3 台 630 kW 及 4 台 200 kW 柴油发电机组，装机容量为 2 690 kW。贡贝施工用电负荷 900 kW，采用 2 台 630 kW 及 1 台 200 kW 柴油发电机组，装机容量为 1 460 kW。通信系统是在工地内部设 1 台 200 门程控交换机，对外通信由当地通信部门解决。

修配及综合加工厂：钢筋加工厂的生产能力为 15 t/班，木材加工厂的生产能力为 20 m^3/班，综合保修厂的年计划劳动量为 60 万工时，其中机修 8 万工时/年，汽修 52 万工时/年。钢筋、木材加工厂均为两班制生产，综合保修厂每日一班制生产。

英布鲁工程施工工厂规模统计详见表6-1。

表 6-1　英布鲁工程施工工厂规模统计

序号	名称	生产能力	日班制	备注
1	砂石加工厂	160 t/h	二	处理能力
2	混凝土生产系统	60 m³/h	三	
3	施工供风系统	140 m³/min	三	
4	施工供水系统	900 m³/h	三	
5	施工供电系统	1 460 kW	三	
6	钢筋加工厂	15 t/班	二	
7	木材加工厂	20 m³/班	二	
8	综合保修厂	60 万工时/年	一	其中机修 8 万工时/年,汽修 52 万工时/年

第三节　砂石加工系统

一、料场的确定

该工程主体工程及临建工程共需粗骨料 23 万 m^3,砂料 13 万 m^3,反滤料约 5 万 m^3,块石及碎石料约 11 万 m^3。工程共需砂石料约为 52 万 m^3。根据工程地质勘察,坝址附近缺乏合适的天然砂石料场。除坝址上游左岸砂料场能提供细砂石料 6 万 m^3 外,其余 46 万 m^3 砂石料均需来自布拉柴维尔。经比较,确定布拉柴维尔西南刚果河边的贡贝石料场作为开采料场。该料场距布拉柴维尔市区约 25 km,现有公路可直达料场。部分料场位于滩地上,每年雨季约有 4 个月过水或积水。石料为长石石英砂岩,单层厚度为 0.5～1 m,比较完整,只是近表层有风化、裂隙发育。岩石湿抗压强度约 78.4 MPa,干抗压强度约 98 MPa。

二、料场规划与开采

贡贝石料场分为两个阶梯,考虑最小爆破安全距离 350 m,拟将人工砂石加工厂布置在料场西北角高程 278～288 m 的高地上。开采 252 m 高程以上部分,这部分有效储量约 86 万 m^3,无效方量约 10 万 m^3。料场分 4 个采区,I、II、III采区储量均为 22 万 m^3,IV采区为备用开采区,其储量约为 20 万 m^3。各区有公路与加工厂相连,为保证加工厂全年均衡生产,雨季4个月需储备毛料10万 m³。毛料储备场设在加工厂南侧粗碎间附近,可用装载机直接向旋回破碎机喂料。

料场开采拟用手风钻打眼放炮,推土机集料,装载机装自卸汽车。

三、人工砂石加工厂

英布鲁工程施工共需浇筑混凝土约25万 m³,砂石料总需要量约为52万 m³。该工程所需全部块石料、砂石料均由贡贝石料场提供,根据施工总进度安排,混凝土浇筑与反滤料、块石需要时段基本不重叠,砂石加工厂的处理能力按满足混凝土浇筑月高峰2万 m³ 设计,处理能力200 t/h,月处理能力7万,成品生产能力160 t/h,其中人工砂生产能力60 t/h,日两班制生产。

由于贡贝石料场距离坝址较远,约240 km,为减少毛料运输,节约运输成本,将人工砂石加工厂设在采石场附近,并将其布置在料场西北角的高地处。

工程混凝土最大级配为三级配,粗骨料最大粒径为80 mm 碎石,细骨料大部分采用人工砂,与天然细砂混合使用。

砂石加工厂由粗碎车间、预筛中碎车间、半成品料堆、筛分楼、细碎车间、制砂车间、成品料堆及皮带运输机等部分组成。

开采的石料由自卸汽车运至粗碎车间,经旋回破碎机破碎后由槽式给料机经皮带机送进预筛中碎车间。筛上大于80 mm 的料经标准圆锥破碎机中碎后与筛下小于80 mm 的料由皮带机一起运至半成品料堆。半成品料堆的料由皮带机运至筛分楼筛分,筛分楼设上、下两层筛分机,上层为单层筛,筛孔尺寸40 mm,筛上为40~80 mm 的料,由分料叉管分为两路,一路由皮带机运至碎石成品料堆,另一路由皮带机送进细碎车间破碎;下层为双层筛,筛孔尺寸分别20 mm 和5 mm,筛上20~40 mm 的料由分料叉管分为两路,一路由皮带机运至碎石成品料堆,另一路由皮带机送进细碎车间破碎,筛网间5~20 mm 的料由分料叉管分为两路,一路由皮带机运至碎石成品料堆,另一路由皮带机送进制砂车间制砂。

筛下为小于5 mm 的砂料,经筛分机下的螺旋分级机洗砂后获得人工砂,由皮带机送到成品砂料堆;细碎车间内设中型圆锥破碎机及短头圆锥破碎机,破碎后的料回到筛分楼筛分。制砂车间由棒磨机制砂,经螺旋分级机洗砂后,成品砂由皮带机送至成品砂料堆。

成品骨料由3 m³ 装载机装15 t 自卸汽车运往坝头混凝土拌和系统的成品料堆,运距240 km。

英布鲁水电枢纽贡贝砂石加工厂工艺流程详见图6-1。

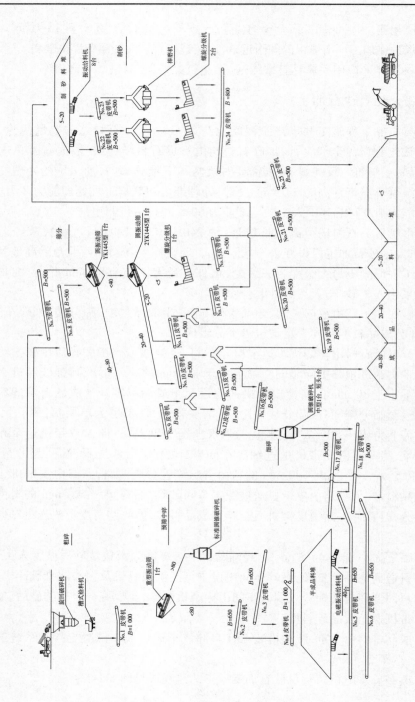

图 6-1　英布鲁水电枢纽页砂石加工工厂工艺流程

第四节　混凝土生产系统

一、系统规模及组成

英布鲁工程混凝土总量约 25 万 m³,高峰时段混凝土月平均浇筑强度 2 万 m³,日三班制生产,计算混凝土生产能力 60 m³/h。选用 2×1.5 m³ 拌和楼 1 座,混凝土生产能力 72～90 m³/h,满足工程高峰浇筑时段混凝土的需求。

混凝土系统由混凝土拌和楼、袋装水泥库、拆包间、散装水泥罐、砂石骨料成品料堆、皮带运输机、空压机房、混凝土实验室、外加剂间、值班室等组成。

二、系统位置及工艺流程

根据水工枢纽布置,混凝土浇筑主要集中在右岸,为缩短混凝土的运输距离,拟将混凝土拌和系统布置在坝址附近右岸上坝公路东侧的缓坡上。采用自卸汽车发运混凝土,运输距离约 800 m。

混凝土生产工艺包括砂石上料、水泥上料及外加剂投加等。砂石骨料由皮带机输送至拌和楼的骨料仓,水泥从散装料罐由仓式泵输送至拌和站内的散装料罐;外加剂用耐腐蚀泵向拌和站内输送。

水泥系统布置 3 个 300 t 的水泥罐,另设袋装水泥仓库容量为 1 500 t,水泥总容量为 2 400 t,满足混凝土高峰浇筑时段 12 d 的水泥需用量。水泥罐为钢结构,袋装水泥拆包后由仓式泵送入散装水泥罐储存,再由仓式泵将罐内散装水泥气力送入拌和站的水泥罐内。

该工程大体积混凝土很少,安排好合适的浇筑时间,可不设制冷楼。

第五节　施工供风、供水、供电及通信系统

一、施工供风系统

根据工程的用风地点不同,设置坝区压缩空气站、混凝土系统压缩空气站和贡贝压缩空气站。总供风能力 140 m³/min。

坝区压缩空气站主要供给坝区基坑开挖用风,其用风量为 60 m³/min,配备 4 台 20 m³/min 的空压机,其中 1 台备用,总装机容量为 80 m³/min。为了尽量

缩短送风距离,该站设在右岸坝址附近的施工工厂区内,距基坑约 400 m。

混凝土系统压缩空气站主要供给混凝土系统用风,其用风量为 40 m³/min,配备 3 台 20 m³/min 的空压机,其中 1 台备用,总装机容量为 60 m³/min。

贡贝压缩空气站主要供给贡贝采石场用风,其用风量为 40 m³/min,配备 3 台 20 m³/min 的空压机,其中 1 台备用,总装机容量为 60 m³/min。为了尽量缩短送风距离,并考虑到爆破安全距离及便于管理,该站设在人工砂石系统场内公路十字路口附近。

二、施工供水系统

英布鲁工程主要用水地区有坝区、林中空地临时生活区及贡贝人工砂石系统。坝区结合左岸永久生活区的供水,考虑左岸需单独设置一个系统。为此,拟设左岸供水系统、右岸供水系统、林中空地供水系统、贡贝供水系统,设计总供水能力 900 m³/h。

左岸供水系统供水对象为左岸生活用水,用水量为 40 m³/h。利用丰富的地下水作水源,地下水位在 292 ~ 293 m 高程。采用三级供水方式,一、二级泵站及一级水池设在 330 m 高程,一级泵站打井取水,配置深井泵 1 台,抽水送至一级水池,水池容量为 100 m³;二级泵站配置 2 台水泵,其中 1 台备用,抽一级水池水至 390 m 高程、容量 100 m³ 的二级水池;三级泵站设在 390 m 高程的二级水池旁,站内设 2 台水泵,其中 1 台备用,抽二级水池水送至 440 m 高程、容量 200 m³ 的三级水池,经消毒处理后自流向各用水点供水。

右岸供水系统供水对象为坝面施工、右岸施工工厂区、混凝土系统等生产、临时生活区生活用水,总用水量 340 m³/h,采用分区供水的方式。坝面施工用水直接由 4 台水泵从基坑内抽水供给。施工工厂区用水拟在区内打 2 眼井,用 2 台深井泵抽水送到进场公路西侧 340 m 高程的 No.1 水池,其容量为 200 m³,自流向各施工工厂供水。混凝土系统及生活用水拟在系统附近打 2 眼井,用 2 台深井泵抽水送至 340 m 高程的 No.2 水池,其容量为 100 m³。在 No.2 水池边设置送水泵站,站内配置 3 台水泵,抽 No.2 水池水分别送至 360 m 高程的 No.3 水池和 No.4 水池。No.3 水池容量为 50 m³,自流向拌和楼供水。No.4 水池容量为 100 m³,经消毒处理后向右岸生活用水点供水。混凝土系统的天然细砂清洗用水由 No.2 水池提供。为了互相备用,将 No.1 和 No.2 水池用管道连通。

林中空地供水系统供水对象为土料场施工机械与运输车辆以及施工作业人员等生产、生活用水,总用水量为 20 m³/h。利用地下水作水源,地下水埋深超过 30 m,拟在土料场生活区旁打 1 眼井,抽水至井旁容量 50 m³ 水池,水池边设置送水泵站,站内配置变频水泵,将池内水送至土料场各用水点。水池内的水经消毒处理后由变频水泵送至土料场生活区用水点。

贡贝供水系统供水对象为贡贝人工砂石加工系统生产及生活用水,总用水量为 500 m³/h,因用水量较大且大部分用水为生产用水,拟利用刚果河河水作为水源。采用两级供水,在刚果河边挖引渠,一级泵站设在趸船上,以适应河水位的变化,船内水泵抽河水送至砂石加工厂 288 m 高程的水池内,其容量为 1 000 m³;二级泵站设在水池边,根据不同的供水对象,设置不同的水泵分几路供水,一路供砂石加工厂用水,一路供采石场、压气站及柴油发电站用水,另一路由变频水泵将消毒后的水送至砂石厂生活区生活用水。

三、施工供电及通信系统

根据工程的施工条件,拟设置坝区供电系统和贡贝供电系统。

坝区供电系统供电范围包括坝区及林中空地生活区,设备及照明容量为 3 800 kW,按同时系数 0.5 计,计算负荷为 1 900 kW。考虑适当备用,柴油发电厂选择 3 台 630 kW 及 4 台 200 kW 柴油发电机组,总装机容量为 2 690 kW。厂址设在靠近用电负荷集中的右岸施工工厂区内。供电网路电压采用 10 kV,拟选用 3 200 kVA、10/3.15 kV 主变压器 2 台。发电机组端采用单母线接线并通过变压器在 10 kV 侧并联运行,10 kV 侧采用单母线分端接线。根据用电地点设 5 回架空导线分区供电。

贡贝供电系统供电对象为人工砂石加工厂,设备总容量为 1 200 kW(不包括一级泵站),由于加工厂机械化程度较高且为流水线作业,考虑同时系数为 0.75,负荷则为 900 kW,考虑适当备用,柴油发电厂选用 2 台 630 kW 及 1 台 200 kW 机组,总装机容量为 1 460 kW,发电厂设在加工厂厂区内,距主要负荷点在 300 m 以内,采用 0.4 kV 电压供电。机组采用单母线接线方式,由于一级泵站距加工厂负荷中心较远,拟在一级泵站配置 2 台 200 kW 柴油发电机组直接供站内水泵用电。施工时,如有条件也可以向贡贝农场接电网线路供电。

工地内部设 1 台 200 门程控交换机,对外通信由当地通信部门解决。

第六节　修配及综合加工厂

一、概述

根据英布鲁工程特点设置钢筋加工厂、木材加工厂、综合保修厂等,施工机械和汽车仅设保养及小修,而大中修则依靠地方企业解决。钢筋、木材加工厂每日两班制生产,综合保修厂每日一班制生产。

二、组成

(一)钢筋加工厂

该厂加工泄洪建筑物及电站等所需要的钢筋,钢筋总量为 9 071 t,钢筋加工厂设在坝址右岸上游 200 m 处的施工工厂区内。设计生产能力 15 t/班,采用两班制生产。

(二)木材加工厂

该工程木材加工厂设在坝址右岸的施工工厂区内坝轴线附近。班生产能力为 20 m³/班,两班制生产。

(三)综合保修厂

该工程共有施工机械 100 余台套,汽车 180 辆。综合保修厂包括施工机械保修与汽车保养,鉴于工期不长,工地不考虑施工机械和汽车的大修,为节约占地提高设备利用率,将施工机械保修与汽车保养布置在一起组成综合保修厂,兼顾修钎及部分钢结构的制作,并设置停车场。综合保修厂设在坝址右岸施工工厂区内,年计划劳动量 60 万工时,其中机修年计划 8 万工时,汽修年计划 52 万工时。一班制生产,高峰时临时两班制生产。

第七章　新疆塔尕克一级水电站施工工厂设计

第一节　水电站工程概况

一、工程位置及任务

塔尕克一级水电站位于新疆维吾尔自治区的阿克苏地区温宿县境内,在阿克苏河流域的库玛拉克河灌区东岸总干渠上,距离阿克苏地区约 60 km,距离已建成的协合拉引水枢纽 15 km。施工区可通过现有的边防公路及乡间公路与阿克苏市相连,路况良好,阿克苏市有铁路通往乌鲁木齐,外来物资可通过铁路运至阿克苏,再通过公路运至施工现场,对外交通条件极为便利。

塔尕克一级水电站的主要任务是发电,向阿克苏地区电网输送电力和电量。

塔尕克一级水电站工程是库玛拉克河流规划梯级电站中的第 3 级,从东岸总干渠上 7 + 100 电站分水闸引水,新建引、尾水渠和电厂,利用水头落差发电,尾水回到总干渠。库玛拉克河东岸总干渠设计流量为 75 m^3/s,加大流量为 87 m^3/s,灌溉面积 118 万亩。电站装机容量 49 MW,电站工程等别为Ⅳ等,工程规模为小(1)型。电站额定水头 74 m,保证出力 13.8 MW,年发电量 2.739 亿 kW·h,年利用小时数为 5 590。装有 2 台单机容量 24.5 MW 混流式水轮发电机组,电气主接线为单元接线,110 kV 一回送出,一回备用。

二、工程简介

塔尕克一级水电站为引水式径流电站。从库玛拉克河协合拉引水枢纽引水,经东岸总干渠 7 + 100 处电站分水闸分水后,由渠道引水至压力前池。电站总装机容量 49 MW。工程等别为Ⅳ等,工程规模为小(1)型。主要建筑物为 4 级,临时水工建筑物为 5 级。跨越公路的桥涵建筑物与公路的等级相同。

电站厂房及压力前池、压力钢管的洪水标准按 50 年一遇洪水设计,100 年一遇洪水校核。泄水建筑物消能防冲设施按 20 年一遇洪水设计。电站引水渠、尾水渠、防洪堤、排洪涵洞的洪水标准按 20 年一遇洪水设计,50 年一遇洪水校核。

塔尔克一级水电站工程由引水渠、排冰闸、压力前池、压力钢管、电站厂房、侧堰、泄水槽、尾水渠、渠系交叉建筑物等组成。

电站从库玛拉克河东岸总干渠 7 + 100 处预留的电站分水闸引水,引水线路沿天山南麓的山坡,从西到东基本沿等高线布置。压力前池布置于山前倾斜平原,压力前池承接引渠来水,后接压力钢管,在其左侧布置侧堰。厂房与压力前池布置于一直线,压力钢管与厂房轴线垂直。尾水渠从厂房尾水反坡出来,经两个转弯段后与总干渠交汇在总干渠桩号 15 + 907.736 渠道处。侧堰后接泄水槽,将水汇入尾水渠,最终也退水到总干渠。

总干渠为发电引水预留了 2 孔进水闸,为了保证引水流量,将原有进水闸 2 孔扩为 3 孔,在左侧平行于原闸孔增设 1 孔,扩建闸室,增装控制闸门。

引水渠紧接进水闸,通过箱涵穿过 Z620 国防公路,沿 1 415 ~ 1 420 等高线开挖明渠,输水到位于山前倾斜平原上的压力前池,引水渠道经折弯 90° 后与压力前池连接段相连。

排冰闸布置在压力前池上游的渠道弯段上,距引水渠末端 84 m,闸中心线与引水渠夹角为 46°。

压力前池轴线顺山坡南北方向布置,前池需要具备一定的长度、宽度和深度,满足侧堰、压力钢管的水力要求。压力前池左侧布置侧堰,侧堰后接泄水槽。泄水槽位于压力钢管左侧的山洪沟内,以减少开挖。为清理压力钢管进口处的淤积泥沙,设置冲沙洞,定期排除池内的泥沙。冲沙洞进水口位于压力钢管之间的池底,压力钢管进水口闸室与冲沙洞进口闸门井并排布置。排沙洞出口位于泄水槽内。

压力钢管采用正面进水布置形式,压力钢管前设有拦污栅、事故检修闸门,钢管以地面线从前池敷设到电站厂房,钢管垂直进入厂房。上站址方案采用回填埋管方式,下站址方案采用明管方式。

电站厂房位于山前陡坎下方的一阶滩地上,主厂房上游侧布置副厂房,在主厂房的右侧布置有独立的副厂房,中控室设在独立的副厂房内。尾水渠从厂房尾水反坡出来,经两个转弯段后与总干渠交汇在总干渠桩号 15 + 907.736 渠道处,穿越公路时采用箱涵结构。

为了调节输入总干渠的流量,在尾水渠与总干渠相交处下游设置节制闸,控制总干渠的输水流量;在退水渠上设置退水闸,将多余的水退入库玛拉克河。

渠系交叉建筑物的布置视地形和已有建筑物的位置而定。在引水渠上,左侧有山洪沟,沿渠全线布置导洪堤,汇集山坡洪水。洪水由渡洪槽横跨引水渠。在电站厂区周围,布置防洪堤,将洪水拦截,保证厂区建筑物的安全。

进厂道路由国防公路接入,沿尾水渠布置,通向电站主厂房安装场和生产生活区。生活区布置有通向压力前池和引水渠的道路。

三、气象与地质

阿克苏河流域地处欧亚大陆腹地,塔里木盆地边缘,远离海洋,地域广阔,属典型的温带大陆性气候,北部和西部受天山屏障的阻隔,西风环流带来的水汽部分可翻越帕米尔高原或天山进入本区。气候特征为:日照充足,热量丰富;四季气候明显,冬冷夏热,春季时间长,风沙天气多,秋季凉爽降温快;干旱少雨,蒸发强烈,湿度很小,昼夜温差大。

降水量(协合拉站):多年平均年降水量为 126.4 mm,降水量年际变化较大,年内分配不均,降水量在年内主要集中在 5~9 月,占全年降水量的 72.2%,其中尤以 6~8 月的降水量最为集中。

气温(温宿站):多年平均气温为 10.3 ℃,绝对最高气温 38.1 ℃,绝对最低气温 -27.4 ℃,最大冻土深度 59 cm。

蒸发(协合拉站):多年平均水面蒸发量为 1 715 mm,最大年蒸发量 2 154 mm,最小年蒸发量 1 448 mm。

塔尕克一级水电站位于塔里木地台北部边缘,库车山前坳陷西端。区内主要发育有 3 条规模较大的断裂,即库齐断裂、库尔米什麻扎断裂和穹木兹杜克隐伏断裂。

电站厂区位于山前洪积扇前缘,濒临库玛拉克河谷 I 级阶地后缘。厂房临近库玛拉克河谷 I 级阶地后缘,地势平坦,略有起伏。电站厂区建筑物基础土层主要为第四系上更新统洪积(Q_3^{pl})碎石土或含土碎石层,结构中密—紧密,层理发育,层间虽夹有薄层砂壤土,但分布不连续,呈透镜状,其单层厚度不大于 20 cm。

引水渠基础地层主要为第四系上更新统洪积(Q_3^{pl})碎石土或含土碎石层,结构中密—密实。尾水渠挖深在 4~20 m,原状 Q_4^{al+pl} 砂卵砾石层具中等密实结构,夹有透镜状中细砂层。部分尾水渠渠道基础砂砾石层中所夹透镜状饱和砂性土为可能液化土,需考虑渠道基础振动液化问题。渠道基础土层均属中等透水层,需对渠道进行全断面防渗处理。

第二节　施工工厂设施

塔尕克工程施工工厂设施包括砂石加工系统、混凝土生产系统、施工供风系统、施工供水系统、施工供电及通信系统以及修配及综合加工厂等。

该工程采用天然砂砾料场作为混凝土骨料料源,砂石筛分厂处理能力 105 t/h,日两班制生产。混凝土生产系统电站厂房设计生产能力 26 m³/h,选用 HZ30 – 1F1000 型混凝土拌和站 1 座,铭牌生产能力 30 m³/h,三班制生产。

施工供风系统因基本无石方开挖而仅设移动式空气压缩机用于零星施工,供风能力 9 m³/min。施工供水系统总设计供水能力 300 m³/h,其中砂石筛分厂部分供水能力为 168 m³/h,电站施工区及引水渠部分供水能力为 132 m³/h。施工供电系统变电站装机总容量 2 000 kVA。施工通信选用程控式自动交换机,并与永久通信相结合。

修配及综合加工厂:钢筋加工厂生产能力 10 t/班,木材加工厂生产能力 5 m³/班,混凝土预制厂生产规模 10 m³/班。设金属结构拼装场 1 座,综合保修厂年劳动量 15 万工时。每日均为一班制生产。

塔尕克工程施工工厂设施技术指标汇总详见表 7-1。

表 7-1　塔尕克工程施工工厂设施技术指标汇总

序号	名称	生产能力	班制	建筑面积 (m²)	占地面积 (m²)	备注
一	砂石筛分厂	105 t/h	二	200	40 000	处理能力
二	混凝土生产系统					
1	电站厂房	26 m³/h	三	300	7 000	
2	引水渠及尾水渠	17 m³/h	三			分散布置
三	施工供风系统	9 m³/min	三			移动式
四	施工供水系统	300 m³/h	三	200	3 000	
五	施工供电系统	2 000 kVA	三			
六	钢筋加工厂	10 t/班	一	200	4 000	
七	木材加工厂	5 m³/班	一	300	2 000	
八	混凝土预制厂	10 m³/班	一	100	4 000	
九	金属结构拼装场		一	200	11 000	
十	综合保修厂	15 万工时	一	550	5 000	

第三节　砂石加工系统

一、料场的确定

塔尕克一级水电站砂砾料场位于塔尕克一级水电站尾水渠渠尾西侧、库玛拉克河左岸高漫滩上,距 Z620 国防公路约 1 km,距电站厂区约 1.5 km,现有简易砂石路与料场相通,国防公路贯穿引水渠渠首及尾水渠,交通便利。

料场呈近梯形展布,东西向长,南北向窄,长约 1 km,宽约 0.4 km,场地广阔,地势平坦,地面高程 1 341 ~ 1 348 m。其东侧为塔尕克一级水电站尾水渠,南临引水总干渠中段下线,北靠农田灌渠。场地内无农田和建筑物。

料场地层岩性为第四系全新统冲洪积(Q_4^{al+pl})砂砾石层。地表 0 ~ 0.3 m 零星分布有黏质粉土,已探明砂砾石厚度大于 5 m。探井开挖深度范围内无地下水。

有用层为第四系全新统冲积层(Q_4^{al+pl})砂砾石层,厚度大于 4.5 m,灰黄色,干—稍湿,蛮石(大于 150 mm 的超径砾石)含量占 0 ~ 13.8%,平均 7.9%,最大直径 42 cm;砾石含量 64.6% ~ 76.7%,平均 66.3%,砾石及蛮石大小不一,磨圆较好,多为次圆状,成分以灰岩为主,其次为凝灰质砂岩及花岗岩等,砾质坚硬;砂颗粒含量为 23.1% ~ 39.6%,平均 25.8%;主要由石英、岩屑、长石组成。以中、细砂为主。

地表 0 ~ 0.3 m 砂砾石层中零星分布有黏质粉土,含泥量高,夹杂有植物根系,地表 0.3 m 按无用层剥离。

二、料场规划与开采

塔尕克一级水电站渠道及电站工程共需砂石料 32.3 万 t,其中 40 ~ 80 mm 碎石 0.93 万 t,20 ~ 40 mm 碎石 9.09 万 t,5 ~ 20 mm 碎石 7.92 万 t;砂料 14.36 万 t。

渠道工程共需砂石料 20.80 万 t,其中 40 ~ 80 mm 碎石 0.12 万 t,20 ~ 40 mm 碎石 5.65 万 t,5 ~ 20 mm 碎石 4.46 万 t;砂料 10.57 万 t。

电站工程需要砂石料 11.5 万 t,其中 40 ~ 80 mm 碎石 0.81 万 t,20 ~ 40 mm 碎石 3.43 万 t,5 ~ 20 mm 碎石 3.46 万 t;砂料 3.80 万 t。

根据料场的勘察资料,规划料场开采区面积为 10 万 m²,平均开采深度 4.5 m。料场开采先利用推土机剥离表层无用层,采用 2 m³ 挖掘机开挖,10 ~ 20 t 自卸汽车运输。料场弃料就近堆放于开采区。

塔尕克工程砂砾料场级配平衡计算见表 7-2。

表 7-2　塔尕克工程砂砾料场级配平衡计算

序号	粒径 （mm）	天然级配 （%）	设计需要量 （m³）	开采获得量 （m³）	弃量 （m³）
1	>150	7.9	0	30 040	30 040
2	150~80 大石	11.6	0	44 109	44 109
3	80~40 中石	21.1	5 795	80 233	74 438
4	40~20 小石	16.5	56 798	62 742	5 944
5	20~5 细石	17.1	49 509	65 023	15 514
6	5~0.16 砂	23.61	89 778	89 778	0
7	<0.16	2.19	0	8 328	8 328
合计		100	201 880	380 253	178 373

三、砂石筛分厂

塔尕克工程混凝土最大级配为三级配,工程所需砂石料总量约 32.3 万 t。混凝土骨料料源为天然砂砾料场,设砂石筛分厂 1 座,筛分出三级砾石及天然砂共 4 种成品骨料,用于工程主体及临建混凝土所需骨料。根据混凝土高峰月平均浇筑强度为 11 000 m³,确定砂石筛分厂处理能力为 105 t/h,每日两班制生产。

该工程天然砂砾料场位于电站右岸南侧 2.5 km 处。砂石筛分厂与天然砂砾料场布置在一起并位于料场的东侧,这样布置可以缩短毛料的运输距离,降低毛料运输成本。根据天然砂砾料场的级配及含泥量等情况,确定筛分厂工艺为筛分、洗砂。筛分厂由毛料受料仓、筛分车间、洗砂车间、成品料堆以及皮带机等组成。

毛料受料仓上设置篦条筛,将大于 150 mm 砾石剔出,小于 150 mm 砾石进入毛料受料仓,通过皮带机进入筛分车间,筛分车间设上、下两台双层筛分机,将砂砾石分为 80~150 mm 弃料部分以及 40~80 mm 中石、20~40 mm 小石、5~20 mm 细石等三级砾石及小于 5 mm 的天然砂,大于 150 mm 及筛上 80~150 mm 部分作为筛分厂的弃料可用于临建工程,中石、小石、细石 3 种砾石由皮带机送到成品料堆,天然砂送到洗砂车间的螺旋分级机洗选,经洗选后的天然砂作为成品细骨料进入成品料堆。砂石筛分厂建筑面积200 m²，占地面积40 000 m²。砂石筛分厂主要设备见表7-3。

表7-3 新疆塔尕克工程砂石筛分厂主要设备

序号	名称	型号	数量	单机功率（kW）	多台功率（kW）
1	槽式给料机	1 000×1 500	1台	7.5	7.5
2	圆振动筛	2YKH1536	1台	15	15
3	圆振动筛	2YK1536	1台	15	15
4	螺旋分级机	FC－12	1台	7.5	7.5
5	皮带机		16条/900 m		90
	合计				135

第四节 混凝土生产系统

一、电站厂房

塔尕克工程电站部分混凝土总量为4.48万 m³，最大级配为三级配，电站混凝土高峰月平均浇筑强度为6 689 m³，确定混凝土小时生产能力26 m³。选用HZ30－1F1000型拌和站1座，生产能力30 m³/h，可满足工程高峰时段混凝土的需要。

根据施工总布置，混凝土拌和站布置在电站厂房西北侧，距离电站厂房约100 m，布置高程1 362～1 368 m。混凝土系统由混凝土拌和站、砂石成品料堆、散装水泥罐、外加剂间、试验室、值班室等组成。

混凝土拌和站布置在混凝土系统东北侧；砂石成品料堆布置在混凝土系统西北侧，储量约1 600 m³，可满足高峰期3 d的用量，砂石加工厂成品料由汽车运输；散装水泥罐布置在混凝土系统东南侧，设2座300 t水泥罐，总储量600 t，可满足高峰期7 d的用量；水泥由散装水泥汽车运输，气力输入水泥罐；外加剂间、试验室、值班室布置在混凝土系统南侧。

混凝土骨料由装载机铲运到拌和站的料仓。混凝土系统每日三班制生产，建筑面积 300 m²，占地面积 7 000 m²。

二、引水渠和尾水渠

塔尕克工程引水渠和尾水渠混凝土量不大，基本沿渠线均匀分布，综合考虑该工程料场仅有 1 个，且距引水渠较远，为减小混凝土骨料的运距和满足工程施工工期的要求，在引水渠桩号约 1 + 500 m 处、5 + 500 m 处各布置 1 座混凝土拌和站，满足引水渠渠道及渠系建筑物混凝土施工需要；在料场附近布置 1 座混凝土拌和站，满足尾水渠渠道及渠系建筑物混凝土施工需要；其他零星混凝土采用 0.4 m³ 移动式混凝土搅拌机生产。每座混凝土拌和站分别由 1 台 0.8 m³、1 台 0.4 m³ 混凝土搅拌机和 1 台 PL800 型配料机组成，每座混凝土拌和站生产能力为 35 m³/h。

第五节　施工供风、供水、供电及通信系统

一、施工供风系统

塔尕克工程基本无石方开挖，考虑可能的零星施工用气量，电站施工配备 9 m³/min 移动式空气压缩机 1 台。

二、施工供水系统

施工供水系统为工程建设期间提供全部施工生产及生活用水，根据实际情况，将供水系统分砂石筛分厂和电站施工区及引水渠 3 个供水部分，总设计供水能力 300 m³/h，其中砂石筛分厂部分供水能力为 168 m³/h，电站施工区及引水渠部分供水能力为 132 m³/h。

砂石筛分厂供水部分用水在总干渠 K13 + 450 m 分水闸处引水，然后利用吐木秀克引水渠水引水，在筛分厂附近新建分水闸将水引到沉淀池，由于筛分厂地势比较平坦，无法建高位水池，因此沉淀后的水由变频水泵输送到筛分厂。

电站施工区部分及引水渠后段施工用水取自总干渠 K8 + 190 m 分水闸处，然后利用萨瓦甫齐引水渠引水，在电站附近新建分水闸将水引到沉淀池，沉淀后的水通过泵房将水输送到电站北侧 1 382 m 高程的高位水池，通过输水管向电站施工区及引水渠后段供水。在引水渠进口附近的库玛拉克河边，设抽水泵站，主要供应引水渠前段施工用水。生活用水应经水处理设施处理达到生活饮用水

标准后使用。供水系统建筑面积约 200 m²，占地面积约 3 000 m²。

三、施工供电及通信系统

施工用电由库玛拉克河边温宿——协合拉水库的 35 kV 输电线路"T"接至施工区临时变电站。变电站容量为 2 000 kVA，各用电点负荷见表 7-4。各工区施工用电根据其用电负荷，从临时变电站接线至各工区。为保证混凝土施工的连续性，另配 2 台 50 kW 的移动式发电机组。

表 7-4　塔尕克施工用电负荷

序号	工区	负荷(kW)	备注
1	砂石筛分厂	500	包括砂砾料场
2	施工生产区	400	
3	厂房基坑	450	
4	尾水渠	110	
5	引水渠	110	

施工通信与永久通信实施结合使用，选用程控式自动交换机，以保证施工期信息畅通并避免通信设施重复建设。

第六节　修配及综合加工厂

一、组成

根据塔尕克工程特点设置钢筋加工厂、木材加工厂、混凝土预制厂、金属结构拼装场、综合保修厂等，施工机械和汽车仅设保养及小修，而大中修则依靠地方企业解决。均为日一班制生产，高峰时临时两班制生产。

二、修配及综合加工厂

（一）钢筋加工厂

该工程钢筋总量约 2 841.85 t，钢筋加工厂布置在电站右岸附近的施工生产区内。设计生产能力 10 t/班，日一班制生产。钢筋加工厂建筑面积 200 m²，占地面积 4 000 m²。

(二)木材加工厂

该工程木材加工量不大,主要加工异型模板,木材加工厂布置在电站右岸附近的施工生产区内,设计生产能力 5 m³/班,日一班制生产。加工厂建筑面积 300 m²,占地面积 2 000 m²。

(三)混凝土预制厂

该工程预制混凝土量 2 025 m³,设置混凝土预制厂 1 座,布置在电站右岸的施工生产区内。预制混凝土生产规模 10 m³/班,日一班制生产。预制混凝土生产建筑面积 100 m²,占地面积 4 000 m²。

(四)金属结构拼装场

该工程金属结构量主要为电站钢管、闸门的现场拼装,拼装场布置在电站右岸附近的施工生产区内,日一班制生产。建筑面积 200 m²,占地面积 11 000 m²。

(五)综合保修厂

鉴于该工程工期不长,施工及运输机械不多,工地不考虑大修,为节约占地及提高设备利用率,将施工机械保修和汽车保养合并布置在一起组成综合保修厂,综合保修厂设在电站右岸附近的施工生产区内,日一班制生产,年计划劳动量 15 万工时,建筑面积 550 m²,占地面积 5 000 m²。

塔尕克工程修配及综合加工厂主要设备详见表 7-5。

表 7-5 塔尕克工程修配及综合加工厂主要设备

编号	名称	规格型号	数量(台)	单台功率(W)	备注
一	钢筋加工厂				
1	钢筋切断机	GQL40	1	7.5	
2	钢筋弯曲机	GW40	2	2.8	
3	钢筋调直机	GTJ4×14	1	9	
4	钢筋对焊机	UN1－75	1	37.5	
5	钢筋对焊机	UN1－100	1	50	
6	钢筋点焊机	UN2－100	1	50	
7	钢筋除锈机		4	1.1	
8	直流电焊机	AX3－300	1	10	

续表 7-5

编号	名称	规格型号	数量（台）	单台功率（W）	备注
9	交流弧焊机	BX1－330－1	1	11.4	
10	卷扬机	3 t	1	7.5	
11	砂轮机	D300	2	1.75	
12	空气压缩机	0.32 m³/min	1	11.5	
13	叉车	3 t	1	27	
二	木材加工厂				
1	细木工带锯	MJ346	2	1.5	
2	万能木工圆锯	MJ224	2	4	
3	单面压刨	MB103	1	3	
4	单头直开榫机	MX118	1	5	
5	木工平面刨	MB503	1	3	
6	木工车床	MC614A	1	2.2	
7	砂轮机	D300	2	1.75	
8	磨锯机	MR1113	1	1.1	
三	金属结构拼装场				
1	压力机	J23－40A	1	5.5	
2	卷板机 W11	20×2 000	1	29.5	
3	剪板机 Q11	20×2 000	1	30	
4	砂轮机	D300	2	1.75	
5	除锈机		4	1.1	
6	台钻	ZA4112	2	0.55	
7	直流电焊机	AX3－300	3	10	
8	交流电焊机	BX1－330－1	3	12.25	

续表 7-5

编号	名称	规格型号	数量（台）	单台功率（W）	备注
9	门式起重机	5 t	1	37.7	
10	叉车	3 t	1	27	
四	综合保修厂				
1	普通车床	CS6132	2	4.17	
4	牛头刨床	B665	2	3	
5	摇臂钻床	Z3035×10	2	2.51	
6	砂轮机	D300	2	1.75	
7	台钻	ZA4112	2	0.55	
8	交流电焊机	BX1－330－1	1	11.4	
9	直流电焊机	AX1－300	1	10	
10	叉车	3 t	1		

第八章　新疆齐热哈塔尔水电站施工工厂设计

第一节　水电站工程概况

一、工程位置及任务

新疆塔什库尔干河齐热哈塔尔水电站工程位于新疆维吾尔自治区喀什市塔什库尔干塔吉克自治县境内。塔什库尔干塔吉克自治县位于帕米尔高原东部，喀喇昆仑山北部。东与叶城县、莎车县交界，北与阿克陶县毗邻，南、西分别与克什米尔、阿富汗、塔吉克斯坦接壤。境内群山环抱，峻岭连绵，冰峰耸立，沟壑纵横，丘陵起伏，平均海拔在 4 000 m 以上。齐热哈塔尔水电站工程距塔什库尔干塔吉克自治县县城 56 km，距喀什市 322 km。

塔什库尔干河是塔里木河水系叶尔羌河的主要支流之一，上游有明铁盖河和红其拉甫河两条支流，两河均发源于帕米尔高原东部，海拔 5 800 m，两条支流汇合后称作塔什库尔干河。齐热哈塔尔水电站工程坝址位于下坂地水利枢纽电站厂房下游 1.9 km，厂房位于下坂地水利枢纽电站厂房下游约 24 km 处，为塔什库尔干河中下游河段水电梯级开发的第二级水电站，坝址以上流域面积为 9 680 km^2，多年平均流量 34.4 m^3/s。

齐热哈塔尔水电站的主要任务是发电。水电站工作容量 160 MW，为充分利用水能资源，设置重复容量 50 MW，电站的装机容量 210 MW，多年平均发电量为 6.973 亿 kW·h，装机年利用小时数为 3 320 h。

齐热哈塔尔水电站静态投资 7 810 元/kW，电能投资 2.35 元/(kW·h)，经济指标较为优越。

二、工程简介

齐热哈塔尔水电站工程是一座低闸坝、长隧洞、高水头引水式电站。枢纽工程主要由首部拦河闸坝、引水系统、岸边式地面厂房三部分组成。总库容 172.8

万 m³,电站总装机容量 210 MW。工程等别Ⅲ等,工程规模为中型,永久性主要建筑物——首部拦河闸坝、引水系统及发电厂房建筑物为 3 级,次要建筑物为 4级。拦河坝和泄洪排沙闸设计洪水重现期为 50 年一遇,校核洪水重现期为 1 000年一遇。发电引水隧洞进水口的洪水设计标准与拦河闸坝一致。水电站厂房按 50 年一遇洪水设计,200 年一遇洪水校核。消能防冲建筑物按 30 年一遇洪水设计。

拦河坝为复合土工膜斜墙砂砾石坝,坝顶设公路。泄洪闸由上游水平防渗铺盖、闸室段、护坦、抛石防冲段等组成。泄洪闸共 2 孔,每孔净宽 10 m,总净宽 20 m。工作闸门为弧形门,孔口高度 5.2 m。闸室上下游方向长 25 m,沿坝轴线方向长 28 m。胸墙前设 10 m×6.8 m(宽×高)事故检修门,胸墙后设 10 m× 5.2 m(宽×高)弧形工作门。在闸室上游设 130 m 长的水平防渗铺盖。坝体防渗采用复合土工膜斜墙防渗体。坝顶上游侧设钢筋混凝土防浪墙,墙体下部与坝体防渗复合土工膜相接,形成坝体防渗和防浪体系。

齐热哈塔尔水电站厂区建筑物主要包括主厂房及电站尾水渠、副厂房、主变压器场、开关站及出线场等。安装场布置在机组段右侧。主变压器场、GIS 开关站及出线平台紧邻主厂房上游侧从下至上分层布置,厂区地坪高程上布置主变压器场,上层布置 GIS 开关站,开关站屋顶平台即为出线平台,其上布置出线塔架。副厂房集中布置在主厂房右侧。主厂房尺寸为 73.3 m×21.3 m×43.15 m(长×宽×高),主厂房内设 3 台单机容量为 70 MW 的混流式水轮发电机组。

发电引水系统包括进水口、隧洞、调压室、压力管道四部分。发电引水隧洞断面为圆形,隧洞线路长度 15 639.86 m。

三、气象与地质

塔什库尔干河流域地处祖国内陆边陲,坝址区海拔一般在 2 900 m 以上,河谷周围高山环绕,受帕米尔高原、喀喇昆仑山及塔克拉玛干大沙漠的影响,呈典型的大陆性高原气候区。在地理位置、季风环流及地形等综合因素制约下,流域内气候差异较大,只有冷暖两季。主要气候特点是:冬季寒冷漫长,夏季气候温和,气候的年、日变化显著,日温差高达 20 ℃左右。

该区年平均降水量为 68.9 mm,而平均蒸发量为 2 272 mm,蒸发量为降水量的 33 倍。据塔什库尔干县气象站 1957～2000 年资料统计,多年平均气温为 3.4 ℃,极端最高气温为 32.5 ℃,极端最低气温为 -39.1 ℃。多年平均风速 1.99 m/s,风向多偏西北;多年平均最大风速 16.9 m/s,最大风速 23 m/s,风向 NNW。土层结冻期为 9 月至次年 3 月,最大冻土深度 177 cm,融化期 6 个月,无霜期 102 d。

　　工程区地层岩性、岩相复杂多样,其中以变质岩分布最广,岩浆岩次之。变质岩以元古期变质岩系为主,加里东期和华力西中期变质岩系次之;岩浆岩主要形成于加里东中期、加里东中晚期、华力西晚期及燕山早期。工程区处于西昆仑褶皱系之公格尔—桑株塔格隆起的西南部,位于帕米尔高原东部构造相对稳定的区域。场地范围内未发现活动断层,也未发现由古地震或历史地震所造成的地震断层等现象。坝址、埋涵区及地面厂房场地土类型属Ⅱ类中硬场地土。

　　库区地貌上属高山峡谷,出露地层主要有元古界变质岩(P_t^{gn})及第四系松散堆积物。地下水类型主要为基岩裂隙水和第四系孔隙潜水。

　　坝基主要为第四系松散堆积层和元古界变质岩(P_t^{gn}),两岸坝肩表层存在卸荷松动岩体、全新统坡崩积、坡积、洪积物,河床表层2~4 m深度范围内砂砾石较松散。

　　隧洞围岩主要为片麻状花岗岩、变质闪长岩,仅出口段分布有大理岩、板岩、片岩,围岩以Ⅱ、Ⅲ类为主,断层及影响带、节理裂隙密集带或过沟段部位多为Ⅳ、Ⅴ类围岩。

　　电站厂房位于坝址下游约20 km处的塔什库尔干河左岸。地层主要为奥陶-志留系(O-S)及第四系松散堆积物。厂房基础主要置于(Q_4^{pl})较密实的碎石土和土夹碎石,其工程性状满足建基要求。

第二节　施工工厂设施

　　齐热哈塔尔工程施工工厂设施包括砂石加工系统、混凝土生产系统、施工供风系统、施工供水系统、施工供电及通信系统以及修配及综合加工厂等。

　　1#、2# 2个天然砂砾料场作为混凝土骨料的料源,2个砂石加工厂规模分别为150 t/h和100 t/h,日两班制生产。2个混凝土生产系统设计生产能力分别为70 m³/h和45 m³/h,选用HZS50和HZS30混凝土拌和站各2座,铭牌生产能力分别为50 m³/h和30 m³/h,日三班制生产。

　　施工供风系统总供风能力490 m³/min,施工供水系统总供水规模850 m³/h。施工供电系统采用柴油发电机组的总容量6 760 kW,通信系统设置1台80门数字式程控交换机及配套电源系统,负责施工期间内外联络。

　　修配及综合加工厂设钢筋加工厂、木材加工厂、钢结构加工厂、综合保修厂及综合加工厂,钢筋加工厂及钢结构加工厂每日两班制生产,其余均为每日一班制生产。

　　齐热哈塔尔工程施工工厂设施技术指标汇总详见表8-1。

表 8-1　齐热哈塔尔工程施工工厂设施主要指标

序号	名称	规模	班制	建筑面积（m²）	占地面积（m²）	备注
一	砂石加工系统					
1	C1 砂石加工厂	150 t/h	二	400	24 000	处理能力
2	C2 砂石加工厂	100 t/h	二	400	17 600	处理能力
二	混凝土生产系统					
1	H1 混凝土系统	70 m³/h	三	600		
2	H2 混凝土系统	45 m³/h	三	550		
三	施工供风系统	490 m³/min	三	1 005	3 015	分散且不计混凝土系统
四	施工供水系统	850 m³/h	三	1 400	7 000	分散布置
五	施工供电系统	6 760 kW	三			分散布置
六	钢筋加工厂	2×20 t/班	二	2 400	8 000	2 座,闸坝及电站厂房
七	木材加工厂	2×20 m³/班	一	2 000	10 000	2 座,闸坝及电站厂房
八	钢结构加工厂	2×20 t/班	二	1 000	8 000	2 座,闸坝及电站厂房
九	综合保修厂			2 000	10 000	2 座,闸坝及电站厂房
十	综合加工厂		一	4 000	150 000	5 座,5 个支洞
	合计			15 755		

第三节　砂石加工系统

一、料场的比较与选择

在该工程初步设计阶段详查了 3 个天然砂砾料场。

1#砂砾料场位于河床,距坝址约 0.7 km,有简易砂石路相通,交通便利。料场地形起伏不平,但相对高差不大,为 2~5 m。料场范围长约 1.3 km,平均宽约 220 m。料场地层为第四系冲积层(Q_4^{1al} 及 Q_4^{2al}),主要为砂砾石、含砾中粗砂。松散,砾石含量 70%~80%,粒径一般为 0.5~15 cm,次圆状,偶含蛮石,砂为中粗砂,含量 20%~30%,局部 1.0 m 深度内含有植物根系;含砾中粗砂层,灰黄色,稍湿,稍密—中密,主要分布在 Q_4^{1al} 的上部,厚度 2.0 m 左右。地下水位埋深 0~1.0 m。

2#砂砾料场位于河床及漫滩上,距上坝址约 3.3 km,距坝址约 1.2 km,有简易砂石路相通,交通便利。料场地形起伏不平,但相对高差不大,为 1~3 m。料场范围长约 1.1 km,平均宽约 150 m。料场地层为第四系冲积层(Q_4^{1al} 及 Q_4^{2al})。岩性主要为砂砾石、含砾中粗砂。砂砾石结构松散,砾石含量 70% 左右,粒径一般为 1~15 cm,次圆状,蛮石含量 10% 左右,砂为中粗砂,含量 20% 左右,局部夹粉质黏土薄层。地下水位埋深 0~0.6 m。

3#砂砾料场位于塔什库尔干河左岸支流帕斯热哇提河中,位于厂房区下游,距 4#冲沟沟口约 10 km,距上厂房约 3.1 km,有简易砂石路相通,交通较便利。料场地形较平坦,略倾向塔什库尔干河。料场长约 1.7 km,平均宽约 100 m。料场地层为第四系冲洪积层(Q_4^{al+pl})及河床相冲积层(Q_4^{2al})。第四系冲洪积层(Q_4^{al+pl}):岩性主要为砂砾石,松散—稍密,砾石含量 60% 左右,蛮石含量 10% 左右,粒径一般为 15~30 cm,均为圆状、次圆状;砂为中细砂,含量 20% 左右;局部表部为粉土层,厚为 0.2~0.6 m。局部含有植物根系。第四系河床相冲积层(Q_4^{2al}):岩性主要为砂砾石,松散—稍密,砾石含量约占 60%,粒径 0.5~12 cm,蛮石含量约占 20%,粒径 15~40 cm,均为圆状—次圆状,砂含量约占 20%,以中细砂为主。地下水位埋深 0~2.1 m。

有用层的上限以其顶板扣除 0.2 m 为界,3 个料场勘探深度内均未揭穿有用层底界,以最大勘探深度为下限:1#料场面积约为 33 万 m²,有用层平均厚度为 7.8 m;2#料场面积约为 16.47 万 m²,有用层平均厚度为 7.1 m;3#料场面积约为 46.04 万 m²,有用层平均厚度为 6.5 m。储量计算采用平行断面法,以平均厚度法复核。齐热哈塔尔砂砾料场储量详见表 8-2。

表 8-2　齐热哈塔尔砂砾料场储量

料场编号	计算方法	无用层体积		有用层储量	
		剥离层（万 m³）	夹层（万 m³）	水上（万 m³）	水下（万 m³）
1#	平均厚度法	6.60		20.57	236.56
	平行断面法	7.54		9.83	235.43
2#	平均厚度法	3.35		14.94	103.31
	平行断面法	3.75		5.09	101.42
3#	平均厚度法	10.36		34.85	227.42
	平行断面法	11.35		29.69	226.01

通过对 $1^{\#}$、$2^{\#}$ 及 $3^{\#}$ 料场粒径组成分析及各项物理指标综合评价分析,砂砾石料中除去粒径大于 $80 \sim 150$ mm 的弃料外,砾料平均约占 65%,砂料平均约占 35%。

3 个料场均为非活性骨料,料源质量基本满足规范要求。对于混凝土细骨料而言,细度模数 $1^{\#}$ 砂砾料场偏低,泥块含量 $3^{\#}$ 砂砾料场不满足要求,含泥量、孔隙率偏高,其他各项试验指标满足或基本满足规范要求。对于混凝土粗骨料而言,软弱颗粒含量 $2^{\#}$、$3^{\#}$ 砂砾料场偏高,轻物质含量偏高,其他各项试验指标满足规范要求。

综上所述,3 个料场砂砾料总储量 607.47 万 m^3,净砾石储量 455.18 万 m^3,净砂储量 252.89 万 m^3,满足工程需要,料源质量基本满足规范要求。料场开采条件较好,交通便利,运距较近。砂砾料场综合汇总详见表 8-3。

电站厂房位于坝址下游约 20 km,距离相对较远。为减少毛料运距并降低工程投资,拟在坝址区和厂房区分别选定砂石料场并设置砂石加工厂。坝址区需要砂石料 29.92 万 m^3,厂房区需要砂石料 19.5 万 m^3。

为降低成品砂砾料运输成本,拟定在坝址附近和厂房附近各布置 1 个砂石加工厂,分别命名为 C1 砂石加工厂和 C2 砂石加工厂,筛分出三级砾石及天然砂共 2 种成品骨料,用于工程主体混凝土及支洞临建混凝土所需骨料。

坝址附近有 $1^{\#}$、$2^{\#}$ 两个砂砾料场可以选择,其质量及储量均满足工程需要。因开采 $1^{\#}$ 料场对坝体渗透稳定不利,故选择 $2^{\#}$ 砂砾料场作为坝址区选定料场,向 C1 砂石加工厂提供天然砂砾石。$3^{\#}$ 料场位于厂房附近,其质量及储量满足工程需要,故选择 $3^{\#}$ 砂砾料场作为厂房区选定料场,向 C2 砂石加工厂提供天然砂砾石。

二、料场规划与开采

根据 C1、C2 砂石加工厂处理能力,确定 $2^{\#}$、$3^{\#}$ 砂砾料场的月采运能力分别为 52 500 t 和 35 000 t。由于所选料场大部分为水下开采,考虑覆盖层剥离和开采损耗,$2^{\#}$、$3^{\#}$ 料场需要的开采量各为其总储量的 80% 及 28%。根据料场与砂石厂的相对位置,将料场分为主采区和备采区,主采区的储量满足工程需要。

$2^{\#}$ 砂砾料场位于坝址下游河床及漫滩上,C1 砂石加工厂布置在 $2^{\#}$ 砂砾料场附近,故将 $2^{\#}$ 砂砾料场的上游部分定为主采区。主采区的开采顺序为先上游后下游,即自料场西北向东南方向开采。

表8-3 齐热哈塔尔砂砾料场综合汇总

项目		天然砂砾料场		
		1#砂砾料场	2#砂砾料场	3#砂砾料场
1	位置	坝址下游左岸	坝址下游右岸	帕斯热哇提河左岸
2	无用层体积	7.54万m³	3.75万m³	11.35万m³
3	有用层储量	水上:9.83万m³ 水下:235.43万m³	水上:5.09万m³ 水下:101.42万m³	水上:29.69万m³ 水下:226.01万m³
4	质量评价	砾石以片麻岩、花岗岩为主,砂以石英、长石为主。砂砾石天然密度2.19 g/cm³,细骨料含泥量偏高、细度模数偏低,细骨料须水洗后使用;粗骨料软弱颗粒含量偏高。能基本满足要求	砾石以片麻岩、花岗岩为主,砂以石英、长石为主。砂砾石天然密度2.19 g/cm³,细骨料含泥量偏高,细骨料须水洗后使用;粗骨料软弱颗粒含量偏高。能基本满足要求	砾石以片麻岩、花岗岩为主;砂以石英、长石为主。砂砾石天然密度2.19 g/cm³,细骨料含泥量偏高、细度模数基本满足要求,细骨料须水洗后使用。能基本满足要求
5	不利影响	对坝体渗透稳定不利	不存在	不存在
6	开采条件	开采条件较好。存在水下开采,汛期开采时将受洪水影响	开采条件较好。存在水下开采,汛期开采时将受洪水影响	开采条件较好。存在水下开采,汛期开采时将受洪水影响
7	运输条件	目前简易砂石路相通,交通较便利	目前简易砂石路相通,交通较便利	目前简易砂石路相通,交通较便利
8	生产工艺	覆盖层剥离,挖掘机开采装料,推土机集料,自卸汽车运料	覆盖层剥离,挖掘机开采装料,推土机集料,自卸汽车运料	覆盖层剥离,挖掘机开采装料,推土机集料,自卸汽车运料
9	料场推荐意见	选用2#及3#砂砾料场,2#砂砾料场向坝址附近的C1砂石加工厂提供天然砂砾料,3#砂砾料场向厂房附近的C2砂石加工厂提供天然砂砾料		

3#砂砾料场位于厂房下游,塔什库尔干河干流及左岸支流帕斯热哇提河中,故将3#砂砾料场路东塔什库尔干河干流河床部分定为主采区,C2砂石加工厂布置在3#砂砾料场主采区的西南侧。主采区的开采顺序为自西南向东北方向开采。

2#、3#砂砾料场的开采均采用74 kW推土机剥离覆盖层,并辅助挖掘机集料,采用2 m³液压反铲挖掘机挖装,15 t自卸汽车运输,2#砂石料场砂砾料运至C1砂石加工厂,平均运距2 km;3#砂砾料场砂砾料运至C2砂石加工厂,平均运距1 km。

2个料场的开采多为水下开采,考虑到汛期水位高、开采难度大等因素,在非汛期尽量多开采水下部分砂砾料,并储备一定数量的砂砾料,以保证汛期停采时砂石加工厂能够正常生产。

三、砂石加工厂

闸坝引水推荐方案混凝土总需要量约27万 m³,工程所需砂石料总量约70万 t,约合45万 m³。砂石料料源为天然砂砾料。砂石加工厂每日两班制生产,C1砂石加工厂处理能力150 t/h,C2砂石加工厂处理能力100 t/h。

C1砂石加工厂根据混凝土高峰月平均浇筑强度15 000 m³,确定砂石加工厂处理能力为150 t/h;C2砂石加工厂根据混凝土高峰月平均浇筑强度10 000 m³,确定砂石加工厂处理能力为100 t/h。

根据地质资料,2#和3#天然砂砾料场的砂石料级配不平衡,5~20 mm小石、20~40 mm中石及天然砂比例较低,40~80 mm大石、80~150 mm特大石比例又偏高,若采用纯筛分工艺,为满足级配需求,弃料超过100%,因此砂石加工厂通过破碎40 mm以上砾石,补充5~20 mm小石以及20~40 mm中石的不足部分,达到控制级配平衡的目的。

地质勘察资料显示,2#砂砾料场软弱颗粒含量超标,3#砂砾料场软弱颗粒含量也局部超标,其中5~10 mm部分分别高达43.8%和39.5%,为保证工程质量,砂石加工厂设计部分剔除软弱颗粒超标的5~10 mm小石,从而降低成品砂石料整体软弱颗粒含量,使之达到小于5%的标准,同时采用破碎机破碎40 mm以上砾石,通过调节出料口尺寸,破碎出以5~10 mm为主的砾料,与10~20 mm砾料混合,以满足级配要求。

砂石加工厂由毛料受料仓、预筛车间、毛料暂存料堆、筛分车间及复筛车间(含洗砂)、细碎车间、成品料堆及皮带输送机组成。

从料场运来的毛料在受料仓卸料,经槽式给料机由皮带输送机输送到预筛车间的YA1536单层圆振动筛进行预筛,大于250 mm部分超径大石采作为弃料,小于 250 mm 部分进入毛料暂存料堆,设置毛料暂存料堆的优点是当毛料开采、运输中断时可以利用暂存的毛料继续生产,不至影响砂石加工厂正常运行。

暂存的毛料由廊道内皮带输送机输送到筛分车间进行筛分,经第一道2YA1536 型双层圆振动筛筛分,由于只有三级配混凝土,所以大于 80 mm 砾石全部进入反击式破碎机进行破碎、40 ~ 80 mm 大石的一部分进入成品料堆,另一部分则进入反击式破碎机进行破碎;小于 40 mm 部分进入下一道 3YA1836 型圆振动筛继续筛分。3YA1236 型三层圆振动筛分别筛出 20 ~ 40 mm 、10 ~ 20 mm、5 ~ 10 mm 和小于 5 mm 4 个级别的砂石料,其中软弱颗粒含量超标的 5 ~ 10 mm 一级小石由皮带输送机送至弃料堆,20 ~ 40 mm 产品由皮带输送机送至成品料堆,小于 5 mm 的砂经螺旋洗砂机洗去含泥后由皮带输送机送至成品砂料堆。

PF1210 型反击式破碎机破碎的排料粒径小于 40 mm,通过调节 PF1210 型反击式破碎机破碎的排料口尺寸,根据需要控制生产小于 40 mm 的各级配中小石的比例。破碎出的产品经皮带输送机输送到复筛车间的 2YA1236 型圆振动筛,筛出 20 ~ 40 mm 和 5 ~ 20 mm 产品经皮带输送机与筛分车间三层圆振动筛筛分出来的同类产品混合输送至成品料堆;小于 5 mm 的天然砂经螺旋洗砂机洗去含泥后由皮带输送机送至成品砂料堆。

大于 250 mm 以及软弱颗粒含量超标的 5 ~ 10 mm 砾料作为弃料,可用于不重要的临时工程。砂石加工生产中产生的废水含泥砂、石粉较多,拟在河滩挖沉淀池 2 个,将废水沉淀后排放,达到保护环境的目的。

C1、C2 砂石加工厂技术指标汇总详见表8-4。

表8-4　齐热哈塔尔砂石加工厂技术指标汇总

序号	位置	设计规模 （t/月）	处理能力 （t/h）	建筑面积 （m²）	占地面积 （m²）	备注
C1	2#砂砾料场附近	52 500	150	400	24 000	
C2	3#砂砾料场附近	35 000	100	400	17 600	
合计		87 500	250	800	41 600	

齐热哈塔尔水电站砂石加工系统工艺流程见图8-1。

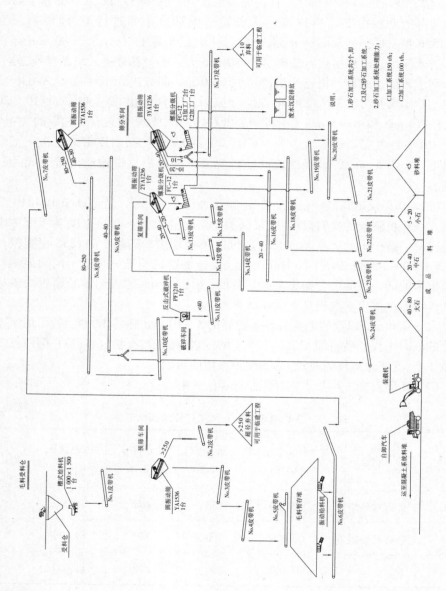

图 8-1　齐热哈塔尔水电站砂石加工系统工艺流程

第四节 混凝土生产系统

一、系统规模及组成

齐热哈塔尔水电站工程混凝土总量约 27 万 m^3,混凝土最大级配为三级配。其中一级配垫层及喷锚混凝土约 3 万 m^3,二级配混凝土约 22 万 m^3,三级配混凝土约 2 万 m^3。由于各施工区比较分散,为降低混凝土运输成本,拟在坝址和厂房附近各布置 1 个混凝土生产系统,分别命名为 H1 混凝土生产系统和 H2 混凝土生产系统,以承担各浇筑点混凝土拌和及运输任务。

H1 混凝土生产系统承担闸坝、引水隧洞进口、$1^{\#}$ 施工支洞、$2^{\#}$ 施工支洞、$3^{\#}$ 施工支洞等工程混凝土拌和及运输任务,砂石骨料来自 C1 砂石加工厂。H2 混凝土生产系统承担 $4^{\#}$ 施工支洞、$5^{\#}$ 施工支洞、调压井、压力钢管及电站厂房等工程混凝土拌和及运输任务,砂石骨料来自 C2 砂石加工厂。

根据施工进度安排,H1 混凝土生产系统负责的施工区高峰月平均浇筑强度 15 000 m^3,H2 混凝土生产系统负责的高峰月平均浇筑强度 10 000 m^3。据此,H1 系统设计生产规模为 70 m^3/h,H2 系统设计生产规模为 45 m^3/h。

考虑混凝土生产系统需同时向多个工区提供不同标号、不同级配混凝土的情况,故 H1、H2 系统分别采用 2 座 HZS50、2 座 HZS30 混凝土拌和站,其单台额定生产能力分别为 50 m^3/h、30 m^3/h。

二、系统位置及工艺流程

H1、H2 系统均包括骨料受料及输送设施、散装水泥罐、外加剂间、试验室、地磅、值班室等。H2 系统距 C2 砂石加工厂较远,需设砂石成品料堆。

H1 系统设 3 座 500 t 散装水泥罐,总储量 1 500 t。H2 系统设 3 座 300 t 散装水泥罐,总储量 900 t,用以存储散装水泥,存储规模均可满足高峰期 7 d 的需要。

H2 混凝土拌和系统布置砂石成品料堆,占地面积 7 000 m^2,储量约 4 000 m^3,可满足高峰期 3 d 的用量。

自卸汽车运输成品骨料,由装载机铲运到拌和站的骨料受料仓,振动给料机给料,胶带机输送入拌和站料仓。水泥由散装水泥罐汽车运输,气力输送入罐及拌和站。成品混凝土由 30 m^3 混凝土搅拌运输车或自卸汽车运至各施工点。

齐热哈塔尔混凝土生产系统主要设备及技术指标详见表 8-5。

表 8-5　齐热哈塔尔混凝土生产系统主要设备及技术指标

序号	名称	规格型号	单位	数量	功率(kW)		备注
					单台	合计	
1	拌和站	HZS50	座	2	90	180	单座生产能力 50 m³/h
2	拌和站	HZS30	座	2	60	120	单座生产能力 30 m³/h
3	水泥罐	500 t	座	3			
4	水泥罐	300 t	座	3			
5	骨料仓	4 × 50 m³	座	8			
6	自卸汽车	20 t	辆	4			
7	装载机	ZL – 50	台	2			
8	地磅	50 t	台	2			
9	空压机	3L – 10/8	台	4	75	300	

第五节　施工供风、供水、供电及通信系统

一、施工供风系统

该工程用风设备主要为隧洞以及基础开挖机械,主要有两臂钻、气腿钻以及混凝土喷射机等,各施工点施工用风总容量为 490 m³/min。混凝土系统生产用风自行解决,不列入该设计范围。

由于用风点多,用风量小,压缩空气系统全部采用 10 m³/min 移动式柴油空压机,分区域布置于坝址(含进水口)、1# ~ 5# 支洞口及调压井(含 6# 支洞)、压力钢管段(含 7#、8# 支洞)等处。齐热哈塔尔压缩空气系统技术指标汇总详见表 8-6。

表8-6　齐热哈塔尔压缩空气系统技术指标汇总

序号	位置	设计规模（m^3/min）	建筑面积（m^2）	占地面积（m^2）	备注
1	坝肩、引水洞进口	70	150	450	10 m^3/min 7 台
2	1#支洞口布置区	60	120	360	10 m^3/min 6 台
3	2#支洞口布置区	60	120	360	10 m^3/min 6 台
4	3#支洞口布置区	60	120	360	10 m^3/min 6 台
5	4#支洞口布置区	60	120	360	10 m^3/min 6 台
6	5#支洞口布置区	60	120	360	10 m^3/min 6 台
7	调压井（包括6#支洞）	50	105	315	10 m^3/min 5 台
8	斜洞（包括7#、8#支洞）	70	150	450	10 m^3/min 7 台
合计		490	1 005	3 015	

注:移动空压机不提供建筑面积,表中建筑面积为维修及油品仓库面积。

二、施工供水系统

施工供水系统总设计供水能力850 m^3/h,为工程建设期间提供施工生产及生活用水。由于该工程用水点比较分散,不适合建设集中供水系统,因此供水系统根据施工总布置需要,共布置10个分供水系统分布于工程沿线,供水形式根据工艺分为三部分,第一部分为1#、2#、9#供水分系统,第二部分为3#~8#供水分系统,第三部分为10#(电站厂房)供水分系统。

1#、2#和9#为相对独立供水分系统,均由岸边取水泵房、输水管路和高位水池组成。供水单位有:闸坝、引水隧洞进口及附属企业和生活区、1#支洞及附属企业和生活区、H1混凝土系统以及C1砂石加工厂、C2砂石加工厂。供水系统在塔什库尔干河岸边设取水泵站取水,通过供水管线输送到2个高位水池,其中1个为沉淀池,沉淀后的水自流送到各用水点,生活用水经水处理设施处理达到生活饮用水标准后使用。

3#~8#供水分系统与1#、2#、9#供水分系统的不同之处是在岸边河滩打井取水、再由输水管路和高位水池组成。供水单位有：$2^\#$~$5^\#$支洞、H2混凝土系统和业主营地。供水系统在塔什库尔干河岸边打井，设井泵房取水，通过供水管线输送到高位水池，水自流送到各用水点，由于井水水质好，可不经沉淀用于生产，因此高位水池只设1个，生活用水经水处理设施处理达到生活饮用水标准后使用。

　　$10^\#$（电站厂房）供水分系统为四级供水，由岸边取水泵站、供水管路、高位水池以及三级加压泵站组成，供水单位有电站厂房、$8^\#$支洞、$6^\#$支洞、$7^\#$支洞、斜洞、调压井及其附属企业、生活区的生产生活用水。

　　供水系统在塔什库尔干河岸边设取水泵站取水，通过供水管线输送到约2 416 m高程的2个500 m^3高位水池，其中1个为沉淀池，沉淀后的水自流送到电站厂房、$8^\#$支洞及其附属企业、生活区生产及生活用水，右岸用水通过连接两岸的交通桥敷设供水管道由左岸供水。

　　在2 416 m、2 535 m和2 680 m高程水池旁分别设置一、二、三级加压泵站，将水输送至上一级高位水池，自流供$7^\#$支洞、$6^\#$支洞、调压井及其附属企业、生活区生产及生活用水。生活用水经水处理设施处理达到生活饮用水标准后使用。

　　供水系统总建筑面积1 400 m^2，占地面积7 000 m^2，施工供水各分系统的分布及其供水范围详见表8-7。

表8-7　齐热哈塔尔施工供水系统技术指标汇总

编号	分系统	位置	规模 （m^3/h）	主要用户	备注
$1^\#$	闸坝	闸坝附近	110	大坝、引水洞进口、$1^\#$支洞及其附企和生活区	
$2^\#$	C1、H1	C1、H1 附近	250	C1砂石、H1混凝土及其附属生活区等	
$3^\#$	$2^\#$支洞	$2^\#$支洞口附近	30	$2^\#$支洞进口及其附属企业和生活区等	
$4^\#$	$3^\#$支洞	$3^\#$支洞口附近	30	$3^\#$支洞进口及其附属企业和生活区等	
$5^\#$	$4^\#$支洞	$4^\#$支洞口附近	30	$4^\#$支洞进口及其附属企业和生活区等	
$6^\#$	$5^\#$支洞	$5^\#$支洞口附近	30	$5^\#$支洞进口及其附属企业和生活区等	
$7^\#$	厂房	厂房附近	160	调压井、斜洞、$6^\#$~$8^\#$支洞、厂房及生活区等	
$8^\#$	H2	H2附近	30	H2混凝土拌和系统及其附属生活区等	
$9^\#$	营地	营地内部	30	业主、设计、监理办公及其附属生活区	
$10^\#$	C2	C2附近	150	C2砂石料筛分系统及其附属生活区等	
合计			850		

三、施工供电系统

该工程建设初期施工用电依靠柴油机发电解决。高原降效系数按 0.7 考虑,柴油发电机总容量为 6 760 kW,柴油发电机装机规模详见表8-8。

表8-8　齐热哈塔尔柴油发电系统装机规模

序号	位置	装机规模(kW)	备注
1	闸坝布置区	1 500	
2	1#支洞口	500	
3	C1 及 H1 系统	500	
4	2#支洞口	530	
5	3#支洞口	530	
6	4#支洞口	500	
7	5#支洞口	500	
8	调压井及6#~8#支洞口	70	
9	厂区及 H2 系统	1 000	含营地
10	C2 系统	500	

该工程建设中、后期施工用电拟从下坂地机组送出线路获取,为此还需架设 220 kV 供电线路 3 km,架设 35 kV 供电线路 24 km,建设 220 kV 变电站一座,建设 35 kV 变电站 2 座。其中 220 kV 变电站位于闸坝上游,协力波斯沟口左侧,变压器容量 6 300 kVA,35 kV 出线 2 回,其中使用 1 回,备用 1 回。35 kV 变电站中 1#变电站位于闸坝下游右岸,变压器容量 2 500 kVA,10 kV 出线 6 回,其中使用 5 回,备用 1 回;2#变电站位于厂房下游左岸,变压器容量 3 150 kVA,10 kV 出线 6 回,其中使用 5 回,备用 1 回。

四、施工通信系统

工程区目前无任何通信设施。为满足齐热哈塔尔水电站施工期间对内、对外联系的需要,拟设置1台80门数字式程控交换机及配套电源系统,接入当地最近的公网,负责业主、设计、监理、施工及相关服务单位之间的联络。

第六节　修配及综合加工厂

一、组成

根据齐热哈塔尔工程特点设置钢筋加工厂、木材加工厂、钢结构加工厂、综合保修厂、综合加工厂等,施工机械和汽车仅设保养及小修,而大中修则依靠地方企业解决。钢筋加工厂及钢结构加工厂每日两班制生产,其余均为每日一班制生产,高峰时临时两班制生产。

二、修配及综合加工厂

(一)钢筋加工厂

该工程钢筋总用量约21 000 t。依据施工总布置的安排,在闸坝及电站厂房工区分别布置1座钢筋加工厂,主要承担钢筋加工工作。钢筋加工厂总功率约300 kW,生产能力20 t/班,每日两班制生产。建筑面积1 200 m²,其中棚建800 m²,占地面积4 000 m²。

(二)木材加工厂

依据施工进度的安排,高峰月平均浇筑混凝土1.5万m³,考虑主要以钢模板为主,局部采用木模板,确定木材加工厂生产能力20 m³/班,日一班制生产。总功率约100 kW。木材加工厂设在闸坝及电站厂房工区各一座,每座木材加工厂建筑面积1 000 m²,其中棚建600 m²,加工厂占地面积5 000 m²。

(三)钢结构加工厂

该工程钢结构总加工量约881 t,金属结构总拼装量约727.6 t。依据施工总布置的安排,在闸坝及电站厂房工区分别布置1座钢结构加工厂,生产能力均为20 t/班,每日两班。总功率约300 kW。主要承担压力钢管拼装及其他钢结构制安工作。每座钢结构加工厂建筑面积500 m²,占地面积4 000 m²。

(四)综合保修厂

综合保修厂共设2座,分别设在闸坝及电站厂房工区,承担各自工区内施工机械保修及汽车保养任务。每个保修厂建筑面积 1 000 m²,占地面积 5 000 m²。

（五）综合加工厂

由于 1#、2#、3#、4# 及 5# 支洞施工区分散,辅助企业加工规模较小,因此在上述施工区分别设置综合加工厂,负责钢筋、木材加工及其他施工加工任务。共设 5 座综合加工厂,每座综合加工厂建筑面积 800 m²,占地面积 3 000 m²。

第九章　黄河海勃湾水利枢纽施工工厂设计

第一节　枢纽工程概况

一、工程位置及任务

黄河海勃湾水利枢纽位于黄河干流内蒙古自治区境内,工程左岸为乌兰布和沙漠,右岸为内蒙古新兴工业城市乌海市。工程距乌海市区 3 km,距 110 国道 1 km,距包兰铁路乌海火车站 4 km,下游 87 km 处为已建的内蒙古三盛公水利枢纽。

海勃湾水利枢纽是一座防凌、发电等综合利用工程,主要由土石坝、泄洪闸、电站坝等建筑物组成。水库总库容 4.87 亿 m³,电站总装机容量 90 MW,年发电量 3.817 亿 kW·h。

海勃湾水利枢纽工程地处黄河内蒙古河段首部,地理位置优越,是《黄河流域防洪规划》和《"十一五"全国大型水库规划》中的黄河干流梯级工程之一。工程任务为防凌、发电等综合利用。

根据水库泥沙冲淤物理模型试验等新的成果资料,从最小发电水头、发电效益、泥沙淤积和防凌库容要求等方面综合计算比较分析,确定海勃湾水库死水位为 1 069 m,正常蓄水位为 1 076 m。汛期运行水位选择主要考虑水库防凌需求和发电效益等因素。当上游来水含沙量小于 3 kg 时,水库水位在 1 076 m 运行。7 月、9 月当来水含沙量大于 3 kg 或来水日平均流量大于 1 500 m³/s 时,水位降至 1 074 m 运行;当来水含沙量大于 10 kg 或日平均来水流量大于 2 700 m³/s 时,水位降至 1 069 m 泄水排沙。8 月,当来水含沙量大于 3 kg 时,海勃湾水库此时降低水位至 1 071 m 运行,当来水含沙量大于 10 kg 或日平均来水流量大于 2 700 m³/s 时,水位降至 1 069 m 泄水排沙。水库运行 10 年后的调节库容为 1.82 亿 m³。

根据《水利水电工程等级划分及洪水标准》(SL 252—2000)的有关规定,按库容 4.87 亿 m³ 核定该工程为 Ⅱ 等工程,工程规模为大(2)型,枢纽主要建筑物土石坝、泄洪闸、电站等为 2 级建筑物,导墙及坝前右岸第 1 段库岸防护边坡等次要建筑物级别为 3 级。

根据《水利水电工程等级划分及洪水标准》(SL 252—2000)规定,确定枢纽主要挡水建筑物土石坝和兼作挡水建筑物的泄洪闸及河床式电站的设计洪水标准为 100 年一遇,校核洪水标准为 2 000 年一遇;次要建筑物设计洪水标准为 50 年一遇,校核洪水标准为 500 年一遇。考虑到该工程消能防冲建筑物损坏后不易修复且影响工程运行和效益,确定消能防冲建筑物的洪水标准与泄洪闸的洪水标准一致。

工程施工总工期为 46 个月。工程总投资 274 099 万元(不含送出工程),其中工程部分静态投资 157 325 万元。

二、枢纽简介

海勃湾枢纽布置方案采用右岸电站明渠导流方案,在黄河主河槽内布置泄洪闸和电站,左岸滩地布置土石坝,导流明渠设在左岸。枢纽从右到左依次布置为:右岸连接坝段(坝 0−041.5 m ~ 0+013.5 m)、电站坝段(坝 0+013.5 m ~ 0+150.5 m,包括主安装场、4 个机组段和电站隔墩坝)、泄洪闸坝段(坝 0+150.5 m ~ 0+438.5 m,共 16 孔)、泄洪闸与土石坝连接段(坝 0+438.5 m ~ 0+493.0 m)以及土石坝段(坝 0+493.0 m ~ 6+864.2 m)。土石坝位于枢纽的左岸,全长 6 371.2 m。坝型为黏土心墙土石坝,坝基防渗措施采用混凝土防渗墙。

依据地形地质条件将土石坝分为两段,其中坝 0+493.0 m ~ 4+043.3 m 段(即 BC 段)采用"黏土心墙土石坝、混凝土防渗墙"型式,即采用黏土心墙砂砾石坝,黏土心墙下接混凝土防渗墙防渗,坝顶高程 1 078.7 m,最大坝高 16.2 m;坝 4+043.3 m ~ 6+864.2 m 段(即 CD 段)仅采用"混凝土防渗墙"型式,即仅采用混凝土防渗墙防渗措施,墙顶高程 1 078.7 m,墙底部插入第 Ⅲ 地质单元(Q_3^{al+1})不少于 1 m,平均墙深 15 m。地基土存在地震液化、抗滑稳定、沉降稳定、地基渗漏和渗透稳定问题,选用振冲碎石桩和强夯处理措施提高坝基土层的密实度,不仅能增加其抗液化能力,而且可提高地基承载力,防止地基的沉降和不均匀沉降;同时结合弃渣处理采取压重措施,即在坝的上下游坡设置压重平台。采用混凝土防渗墙解决地基渗漏和渗透稳定问题。

泄洪闸布置在主河槽的中左部,设计流量 6 100 m³/s,校核流量 9 100 m³/s。选定堰型为平底板宽顶堰,堰顶高程 1 065 m,共 16 孔,孔口总净宽 224 m,闸室前缘总宽 288 m,顺水流方向长 40 m,闸顶高程 1 078.7 ~ 1 079.8 m,最大高度 19.8 m。闸室布置采用两孔一联,单孔净宽 14 m,中墩厚 3 m,缝墩厚 5 m,每联长度 36 m,底板厚 2.7 m。孔口采用弧形闸门,由液压式启闭机启闭。弧形闸门前、后设检修闸门,均由门机操作。检修门门库布置在左岸的土石坝连接段内。闸墩顶部设交通桥与坝顶公路相连。

　　泄洪闸上游侧布置有长 45 m、厚 1 m 的钢筋混凝土铺盖,其上接长 32 m、深 3 m 的宽浅式抛石防冲槽。泄洪闸下游采用底流消能,消力池长 45 m,深 2 m,池底高程 1 061.5 m,底板厚 1.8 m。池后接长 15 m、厚 1 m 的钢筋混凝土水平护坦,护坦高程 1 063.5 m,在其下设置深 10 m、厚 1 m 的工字型防冲墙。护坦后为长 70 m、厚 0.6 m 的浆砌石海漫,海漫下游接长 36 m、深 3 m 的宽浅式抛石防冲槽。

　　泄洪闸与土石坝之间采用翼墙连接。上游翼墙的平面布置采用圆弧式+直线式,翼墙内按土石坝黏土心墙的填筑要求填筑黏土,土石坝的混凝土防渗墙插入墙内的黏土填筑体中并与泄洪闸底板下的混凝土防渗墙相连接。为延长渗径和安全起见,在左岸钢筋混凝土闸门门库与泄洪闸边墩间设置止水。下游翼墙的平面布置采用折线式,扩散角为 7°。翼墙后接边坡为 1∶3 的浆砌石护坡与导流明渠出口右堤裹头相连接。泄洪闸地基处理采用振冲碎石桩解决地基土层的震动液化和沉降问题;采用混凝土铺盖和混凝土防渗墙解决地基的渗透稳定问题。

　　电站采用河床式电站厂房型式,布置在主河槽的右侧,副厂房与主厂房成"一"字布置,GIS 开关站设在主厂房下游尾水平台右侧岸边,与主、副厂房成"品"字布置。右坝肩紧靠乌海市滨河路,进场公路从主厂房下游侧进入厂区。厂区消防通道布置在厂房下游侧,在河床电站与泄洪闸相接的隔墩坝下游侧平台设有回车场。通过厂房上游侧的坝顶公路可到达泄洪闸和左岸土石坝。

　　河床电站主厂房中心纵轴线平行于坝轴线布置,从电站进水口上游前沿至尾水墩下游末端顺水流方向全长 69.1 m,最大坝高 35.2 m。主厂房装有 4 台单机容量 22.5 MW 的贯流式水轮发电机组,采用一机一缝布置,每一机组段长度为 24 m。主厂房内还设有长度分别为 22.5 m 和 18.5 m 的主、副两个安装场。主厂房总长度为 137 m,宽度 24 m,操作层以上高度 27.9 m。副厂房长 47.77 m,跨度 21 m,为钢筋混凝土框架结构,布置有中央控制室、继电保护室、机修间、仪表试验室、水工观测室等。尾水平台宽 29.98 m,布置 2 台主变压器和 1 台单向尾水门机。

　　机组安装高程为 1 056.5 m,操作层高程为 1 068.5 m。电站进水口底板高程 1 052.5 m,进水口型式为喇叭口形,每个进口段用 1 个中墩隔为 2 个进水口,每孔宽 6 m,进水口后流道底板高程 1 050.14 m。为排除泥沙,在泄洪闸和电站前池之间设拦沙坎,使汛期大量的泥沙通过泄洪闸下泄;在每个电站坝段进水口的右下方以及隔墩坝的右下方各布置 1 个排沙孔,共布置 5 个排沙孔,以保证电站进水口"门前清"。排沙孔进、出口底高程分别为 1 048.2 m 和 1 057.2 m,进、出口断面(宽×高)分别为 3 m×3.5 m 和 3 m×2.5 m。排沙孔穿过主厂房,将排沙水泄入尾水渠。坝顶布置 1 台双向门机,负责电站进水口检修闸门、拦污栅和排沙孔进口检修闸门的启闭。电站机组下部设有交通和排水廊道,渗漏和检修集水井设在隔墩坝内。尾水管出口底板高程 1 050.79 m,出口接混凝土尾水渠,在主厂房左端隔墩坝段下游设导墙将电站尾水与泄洪闸泄水分开,尾水渠后为浆砌石海漫,在海漫末端设置与泄洪闸相同规模的宽浅式防冲槽。

电站地基处理措施采用振冲碎石桩解决地基土层的承载力不足问题和沉降问题;采用混凝土防渗墙解决地基和坝肩的渗漏问题。

三、气象与地质

海勃湾水利枢纽地处大陆腹地,受大陆西风气流的控制,呈现温带大陆性气候特征。年内寒暑巨变,无霜期短,太阳辐射强烈,日照时间长,昼夜温差变化大,降水量少,蒸发量大。春季短且干旱多风;夏季炎热,雨水相对集中;秋季气候干燥,风沙较大;冬季干燥,严寒而漫长。工程区多年平均降水量 156.8 mm,年降水量的 65% 集中在 7 ~ 9 月,冬季降水量很少。平均水面蒸发量达 3 206 mm(20 cm 蒸发皿观测值),其中 5 ~ 8 月的蒸发量占全年的 61%,最大蒸发量多出现在 6 月。多年平均气温 9.7 ℃,气温年际变化不大,年内变化很大,极端最高气温 40.2 ℃(1999 年 7 月 28 日),极端最低气温 −32.6 ℃(1971 年 1 月 22 日),变幅达 72.8 ℃,夏季各月平均气温在 18 ℃以上。大风和风沙时有发生,历年最大风速 24 m/s。

工程区在中国新构造分区上属华北断块区阴山断块隆起的吉兰泰—银川断陷带内,有发生中强地震的构造背景。近场区范围内只有 1 条控震断裂,即千里山西缘断裂,该断裂具有发生震级 7 级左右的地震地质条件。坝址不存在抗断问题。地层岩性以新生界第四系(Q)为主,局部为第三系上新统(N2)。水库蓄水后,不存在永久性侧向渗漏问题。

黄河海勃湾水利枢纽坝址地处黄河弯道段,河谷区为黄河冲积地貌类型,左岸为风成地貌类型、河流堆积侵蚀地貌,右岸主要为河流堆积侵蚀地貌。坝址区在勘探深度范围内,地层为第四系全新统风积(Q_4^{eol})、冲积(Q_4^{al})和上更新统冲湖积物(Q_3^{al+l}),岩性主要以粉砂、细砂、砂砾石为主,夹有黏性土、中砂薄层和透镜体。针对普通硅酸盐水泥,黄河水无腐蚀性,除局部区域外,地下水无腐蚀性。坝址存在开挖边坡稳定、地基土地震液化、抗滑稳定、地基土沉降稳定、地基渗透和渗透稳定、抗冲刷和右坝肩边坡稳定问题。

第二节　施工工厂设施

海勃湾工程施工工厂设施包括砂石加工系统、混凝土生产系统、施工供风系统、施工供水系统、施工供电及通信系统以及修配及综合加工厂等。

卡布其沟天然砂砾料场作为混凝土骨料及其级配砂石料的料源,砂石加工厂生产能力 650 t/h,日两班制生产。混凝土生产系统设计生产能力 108 m³/h,夏季加冰浇筑强度为 50 m³/h,选用 HLS120 混凝土拌和站 1 座,铭牌生产能力120 m³/h,三班制生产。

施工供风系统主要为石料场开采提供开挖用风,供风能力 80 m³/min。施工供水系统水源以黄河岸边地下水为主,总供水规模 1 150 m³/h,其中左岸分系统供水规模 100 m³/h,右岸分系统供水规模 400 m³/h,砂石加工厂分系统供水规模 650 m³/h。施工供电系海勃湾工程施工用电总负荷 4 700 kW,其中坝址区高峰用电负荷 3 500 kW,砂石厂区施工用电总负荷 1 200 kW,变压器最小容量分别为 4 700 kVA 和 1 600 kVA。通信系统采取微波、有线、载波及电台等方式,并与永久通信相结合。

修配及综合加工厂:钢筋加工厂规模 20 t/班,木材加工厂规模 10 m³/班,混凝土预制厂规模 15 m³/班,机械保修厂及汽车保养厂的年劳动量均为 10 万工时,每日均为一班制生产。

海勃湾水利枢纽施工工厂设施技术指标详见表 9-1。

表 9-1　海勃湾水利枢纽施工工厂设施技术指标

序号	项目	生产能力	生产用水（t/h）	生产人员（人）	建筑面积（m²）	占地面积（m²）
1	砂石加工厂	650 t/h	650	80	600	60 000
2	混凝土生产系统	108 m³/h	30	45	1 300	20 000
3	施工供风系统	80 m³/min	5	20	200	2 000
4	施工供水系统	1 150 m³/h		30	800	2 800
5	钢筋加工厂	20 t/班	5	40	400	8 000
6	木材加工厂	10 m³/班	5	10	200	3 000
7	混凝土预制厂	15 m³/班	10	30	400	5 000
8	机械保修厂	10 万工时/年	10	35	600	6 000
9	汽车保养厂	10 万工时/年	15	30	400	5 000
	合计			320	4 900	111 800

第三节　砂石加工系统

一、料场的确定

工程施工所需天然建筑材料主要为土料、石料和砂砾料。天然建筑材料场地主要为呼吉尔图防渗土料场、卡布其沟砂砾料场和岗德尔山东侧石料场。卡布其沟砂砾料场为混凝土骨料和坝壳填筑料提供料源。

卡布其沟砂砾料场位于海勃湾区岗德尔山东侧的卡布其沟内,沟左岸由棋千公路(棋盘井—千里山)经市区可到达坝址,右岸有地方煤矿铁路可通乌海市火车站,交通比较方便。本次勘察料场长度约 3 km,地面高程 1 158.0 ~ 1 199.5 m,有暂时性地表水流。勘探深度内未见地下水位。该料场分布面积广,有用层厚度大,剥离层少,除局部位置上覆少量风积砂壤土层外,大部分为砂卵砾石层,且不存在无用夹层。该料场无用层体积约 10 万 m³;有用层储量混凝土骨料部分 205.12 万 m³,其中砾料净储量 184.83 万 m³,砂料净储量 90.88 万 m³,坝壳填筑料部分 365.62 万 m³。

初设阶段对卡布其沟砂砾料场进一步勘察,该料场为工程的主料场,作为坝体填筑砂砾料和混凝土骨料料源。

料场勘测长度约 3 km,地面高程 1 158.0 ~ 1 199.5 m,勘察段冲沟地形高低不平,既有自然形成,亦有人工痕迹,如高压电线铁塔、京藏高速公路桥、蓄水池、囤积煤场、沥青厂、人工取料场、输水管道、地下光缆等。另外,初设阶段勘察中发现在采石场的内侧顺河向埋设有不明管道或线路,斜跨卡布其沟至右岸,而后顺铁路延伸。

料场顺卡布其沟延伸,呈带状分布,具有层位稳定、有用层厚度大、表面剥离层薄且呈零星分布的特点。

勘察区内地层除局部位置分布有 0.2 ~ 1.0 m 的风积砂层(Q_4^{eol})外,大部分为冲洪积砂卵砾石层(Q_4^{al+pl})。根据竖井揭露及现场描述,砂卵砾石层为较湿—湿,中密—紧密状态,有用层厚度比较稳定。砾石成分以灰岩为主,见有少量砂岩和火成岩等,次棱角、次圆状,粒径 5 ~ 80 mm 者含量偏高,大于 80 mm 粒径者相对偏少,局部夹有细砾层,具架空现象;超径者多为 20 ~ 40 cm,个别大者达 50 cm 以上,超径者含量一般只占 5% 左右;细粒以中细砂为主,矿物成分以石英、长石为主,含有岩石碎屑及较多粉、泥质。

本次勘察根据用途及含粉、泥量的不同,将其分为上、下层两部分。上层作为混凝土骨料,灰黄色,所含泥质以粉质为主,揭露厚度 1～3 m。下层作为坝体填筑料,以灰红色、棕黄色为主,泥质含量较高,所含泥质以黏、粉粒为主,该层层位稳定,厚度较大,局部砾石表面见有淋滤作用形成的灰白色钙质物以及弱胶结现象,甚至个别见泥裹砾现象。勘探深度内未见地下水位。

该砾料作为混凝土粗骨料,其软弱颗粒含量和经 10 次循环的冻融损失率两项指标超出规范要求和接近规范要求的下限;对于轻物质含量,在混凝土骨料的 36 组试样中,只个别试样中有轻物质存在,且含量极低,经水冲洗后基本上可以满足规范的要求。除此之外,其余各项指标均满足规范要求;碱活性方面,虽然其中个别火成岩类卵砾石具有潜在碱活性,但砂卵砾石整体上为非活性骨料。

对于混凝土细骨料,其含泥量为 3.1%～17.5%,平均值为 8.71%,严重超标,并且有一定数量的泥块含量,不满足规范要求。细骨料的细度模数平均值为 2.37,平均粒径为 0.38 mm,分别低于或接近规范要求的下限质量指标,颗粒粒径偏细。除此之外,其余各项指标均满足规范要求。

作为混凝土细骨料,根据现场描述鉴定,细颗粒以粉质为主,灰黄色,黏粒含量相对偏低,建议对其用清水冲洗后使用。作为坝体填筑料,对砂砾料场的填筑料部分进行了土工筛颗分试验及物理、力学性质试验,比对坝壳填筑料各项指标的质量要求,该料场砂砾料的各项指标均能满足规范要求。

该料场分布面积广,有用层厚度大,剥离层少,除局部位置上覆少量风积砂壤土层外,大部分为砂卵砾石层,且不存在无用夹层。该料场无用层体积约 10 万 m³;有用层储量混凝土骨料部分 205.12 万 m³,其中砾料净储量 184.83 万 m³,砂料净储量 90.88 万 m³;坝壳填筑料部分储量共计 365.62 万 m³。

二、料场规划与开采

京藏高速公路桥横跨卡布其沟,将料场分成上、下游两部分,高速公路以北为 A 区,以南为 B 区。A 区混凝土骨料储量 150.2 万 m³,填筑料 272.1 万 m³;B 区混凝土骨料储量 54.94 万 m³,填筑料 93.56 万 m³。料场上层为混凝土骨料,下层为坝体填筑料。根据施工总进度安排,坝体填筑施工先于电站、泄洪闸等部位混凝土施工,为减少开采料的二次倒运,降低工程造价,先开采 B 区上、下层作为坝体填筑料,后期开采 A 区上层作为混凝土骨料。

由于京藏高速公路桥横跨料场,料场开采边界距桥基应保留一定的安全距离,并且在桥基附近的上、下游开采断面均应做好防护处理,以保证桥基的安全。

卡布其沟砂砾料场 A 区有一条输水管线横穿料场,为避免施工不当造成管道损伤,拟以输水管道为界,将料场分为 1/A 区和 2/A 区,管道两侧各留不小于 10 m 宽的保护区。毛料开采首先开采 1/A 区,待 1/A 区开采完毕后不足部分再由 2/A 区开采补充,开采时应按由北向南即由近到远的顺序开采,以节省运输费用。

砂砾料开采包括混凝土骨料、碎石、反滤料、垫层粗砂料的开采以及填筑用砂砾料的开采。

该工程混凝土总量约 53 万 m³,包括反滤等其他砂石料用量约 86 万 m³,共需砂石料约 174 万 m³,折合 264 万 t,约需开采松方毛料 196 万 m³,折合 314 万 t。

A 区料场占地面积约 62.32 万 m²,开采面积约 58.3 万 m²,挖除无用层体积约 8.66 万 m³。A 区混凝土骨料层可开采自然方砂砾料约 150 万 m³,不足部分采用 A 区填筑料层,总开采深度约 3.5 m。

除上述需加工的砂砾料外,主体工程填筑需砂砾料 85.97 万 m³,临建工程填筑需砂砾料 24.36 万 m³,共需砂砾料 110.33 万 m³(压实方)。需从料场(B区)开采砂砾料 125.38 万 m³(自然方)。考虑损耗,料场总开采量 135.28 万 m³。料场大部分无剥离层,只有少数断面剥离层厚度 0.5 ~ 0.7 m,有用层厚度 5 ~ 7 m,平均开采深度约 6.8 m,开采面积 19.88 万 m²,无用层开挖量 1.3 万 m³。另外,在 A 区砂石加工厂附近布置有施工营地及机械停放场,占地面积 1.08 万 m²。

A 区砂石料开采采用 74 kW 推土机剥离覆盖层,2 m³ 履带式液压挖掘机开采,15 t 自卸汽车运输至砂石加工厂。成品砂石料由 20 t 自卸汽车运输至坝址附近的混凝土系统。B 区筑坝材料开采采用 3 m³ 挖掘机开挖,装 20 t 自卸汽车运输上坝。

三、砂石加工厂

海勃湾水利枢纽工程混凝土总量约 53 万 m³,混凝土最大级配为三级配,其他砂石料约 86 万 m³,共需砂石料约 174 万 m³,折合 264 万 t,选用卡布其沟天然砂砾料场作为料源。

该工程混凝土高峰月浇筑强度 3.6 万 m³,防渗墙混凝土高峰月浇筑强度 0.8 万 m³,碎石桩的高峰月施工强度为 4.4 万 m³,反滤料的高峰月施工强度为 3.2 万 m³,上述 4 个高峰施工强度在时间上重合,以此为依据,确定砂石加工厂处理能力为 650 t/h,高峰月处理能力为 25.7 万 t,平时两班制生产,高峰时段三班制生产。

根据地质资料,卡布其沟天然砂砾料场 5 ~ 20 mm 小石及 20 ~ 40 mm 中石含量比例较低,是该工程混凝土骨料的控制级配。砂石加工厂通过破碎 40 mm 以上砾石,补充 5 ~ 20 mm 小石及 20 ~ 40 mm 中石,可控制级配平衡,满足工程要求。另外,卡布其沟天然砂砾料中 5 ~ 20 mm 小石软弱颗粒含量超标,其中 5 ~

10 mm 一级软弱颗粒的含量为 33.4%，10～20 mm 一级软弱颗粒含量为 13.01%，砂石加工厂工艺设计采用部分剔除软弱颗粒超标的 5～10 mm 砾料，同时采用反击式破碎机破碎 40 mm 以上砾石，通过调节出料口尺寸，破碎出以 5～10 mm 为主的砾料，与 10～20 mm 砾料混合，使砂石料的整体软弱颗粒含量降低到规范要求以内。

砂石加工厂由毛料受料仓、预筛粗碎车间、半成品暂存料堆、筛分车间（含洗砂）、中细碎车间、成品料堆及皮带输送机组成。从料场运来的毛料在受料仓卸料，经槽式给料机由皮带输送机输送到预筛粗碎车间的重型振动筛进行预筛，大于 150 mm 超径部分进入颚式破碎机进行破碎，小于 150 mm 的通过皮带输送机进入半成品暂存料堆。设置半成品暂存料堆的优点是当毛料开采、运输中断时可以利用暂存的毛料继续生产，不至影响砂石加工厂正常运行。

半成品料由廊道内皮带输送机输送到筛分车间进行筛分，经第一道 2YAH1836 双层重型圆振动筛筛分，将大于 80 mm 砾石全部进入反击式破碎机进行二次破碎后再返回；40～80 mm 大石的一部分进入成品料堆，另一部分则进入反击式破碎机进行破碎；小于 40 mm 部分进入下一道 3YA1836 三层圆振动筛继续筛分。3YA1836 三层圆振动筛分别筛出 20～40 mm、10～20 mm、5～10 mm 和小于 5 mm 4 个级别的砂石料，其中部分软弱颗粒含量超标的 5～10 mm 一级小石由皮带输送机送至弃料堆，使砂石料的软弱颗粒降低到规范允许范围内，20～40 mm 产品由皮带输送机送至成品料堆，小于 5 mm 的砂经螺旋洗砂机去泥洗选后由皮带输送机送至成品砂料堆。

由 PF1008 反击式破碎机破碎出小于 10 mm 的小石，经皮带输送机输送到 YA1548 单层圆振动筛，筛孔尺寸 5 mm，筛上部分经皮带输送机与三层圆振动筛筛分出来的 10～20 mm 部分混合成 5～20 mm 的产品输送至成品料堆；筛下小于 5 mm 的天然砂经螺旋洗砂机去泥洗选后由皮带输送机送至成品砂料堆。

海勃湾水利枢纽砂石加工厂工艺流程见图 9-1。

经分析确定用柳青塔石料场取代柳树滩天然料场，柳青塔石料场储量大且临近进厂公路，在施工初期可建一个小的人工砂石系统，以供施工初期使用。砂石料经过进厂公路运输形成右岸砂石及混凝土系统下线运输线。

为节省运输费用，砂石加工厂就近布置在卡布其沟砂砾料场西北侧，毛料开采采用 2 m³ 液压挖掘机开采，15 t 自卸汽车运输，平均运距 1 km；成品砂石料由自卸汽车运至坝址附近的混凝土系统，平均运距约 10 km。砂石加工厂建筑面积 600 m²，占地面积 60 000 m²。

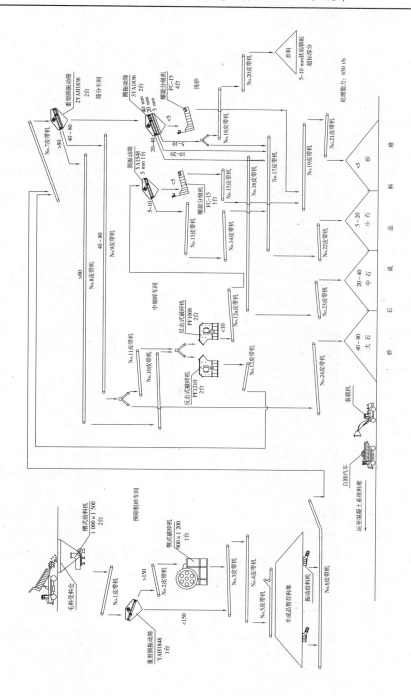

图 9-1　海勃湾水利枢纽砂石加工厂工艺流程

第四节　混凝土生产系统

一、系统规模及组成

根据施工进度安排,高峰月混凝土浇筑强度为 3.6 万 m^3,确定混凝土生产系统生产能力 108 m^3/h;预冷混凝土浇筑强度按每月 1.5 万 m^3,确定预冷混凝土生产能力 50 m^3/h。选用 HLS120 混凝土拌和站 1 座,铭牌生产能力 120 m^3/h,满足工程施工要求。混凝土防渗墙施工的高峰月浇筑强度为 0.8 万 $m^3/$月,不列入该混凝土生产系统强度内,由单独设立的临时拌和站供应。

混凝土生产系统由混凝土拌和站、砂石成品料堆、骨料受料及输送设施、散装水泥罐、制冷车间、外加剂间、试验室、值班室等组成。

二、系统布置及工艺流程

黄河海勃湾水电站工程混凝土总量约 53 万 m^3,最大级配为三级配。根据施工方法、施工总平面布置规划和砂石料料源情况,该工程拟在上游距大坝 550 m 右岸附近设置一个混凝土生产系统。

设 3 座 500 t 散装水泥罐,总储量 1 500 t,用以存储散装水泥,存储规模可满足高峰月平均浇筑混凝土强度 5 d 的用量。辅助生产设施包括制冷车间、外加剂间、试验室、值班室等。

鉴于砂石成品料运输方便,供应有保证,而坝区场地相对紧张,故考虑适当减小混凝土生产系统砂石成品料堆容量,设面积为 6 000 m^2 的砂石成品料堆,储量约 7 000 m^3,可满足高峰期 2 d 的用量。

该系统成品骨料由砂石加工厂运来,卸至混凝土生产系统成品料堆,骨料由装载机铲运到拌和站的骨料受料仓,振动给料机给料,胶带机或提升机输送入拌和站料仓。水泥由散装水泥汽车运输,气力输送入散装水泥罐及拌和站。成品混凝土由自卸罐车运至施工点。

三、夏季混凝土冷却措施

海勃湾地区太阳辐射强烈,日照时间长,夏季炎热,日温差变化大,降水量少,蒸发量大,混凝土拌和时需采取冷却措施,尤其是在夏季浇筑大坝及电站基础块大体积混凝土时,对混凝土出机口温度要求较严,要保证预冷混凝土出机口温度 12 ~ 14 ℃,需同时采取多种措施才能保证,主要的降温措施有:①混凝土生产系统成品骨料自然降温;②风冷粗骨料;③加 2 ℃冷水拌和;④加片冰拌和。

该系统内设一个制冷车间,生产 -5 ℃片冰和 2 ℃冷水以及向拌和站料仓附壁冷风机供液态氨。制冷车间安装 BK 型组合式冰库 2 座,单座铭牌产冰量 50 t/d,储冰量 35.5 t,输冰皮带机将片冰送入拌和站。设计混凝土加冰量按 50 kg/m³ 考虑。制冷车间制冷量为 1 200 kW(约合 100 万 kcal/h),共安装 4 台螺杆氨泵机组,型号为 W - LG16ⅢA,制冷车间功率为 550 kW。

混凝土系统每日三班制生产,总功率 950 kW,建筑面积 1 300 m²,占地面积 20 000 m²。

第五节　施工供风、供水、供电及通信系统

一、施工供风系统

施工供风系统主要为该工程石料场开采提供开挖用风,石料场石方开挖高峰月平均强度按 5.2 万 m³ 考虑,确定供风能力为 80 m³/min,根据工程特点采用固定与移动相结合的方式,设 20 m³/min 固定式空压机 4 台,其中 1 台为备用机;另设 10 m³/min 移动式空压机 2 台。将备用空压机计算在内,石方开挖高峰时段可满足 100 m³/min 的用风量。

混凝土生产系统自备压缩空气站,该供风系统不再考虑其设备的配置。

施工供风系统建筑面积 200 m²,占地面积 2 000 m²。

二、施工供水系统

施工供水系统为该工程提供施工生产及生活用水,根据工程特点共分为坝址区左、右岸以及砂石加工厂 3 个供水分系统,总供水能力 1 150 m³/h。其中,左岸系统供水能力 100 m³/h,右岸系统的供水能力 400 m³/h,砂石加工厂系统供水能力 650 m³/h。

该工程左、右岸施工供水水源均为地下水,砂石加工厂水源以地下水为主,不足水量以市政绿化水源补充。由于左、右岸坝区及砂石加工厂的地势相对平坦,不具备设置高位水池自流供水的条件,故采用泵送压力水直供用户的供水方法。

根据地勘资料,海勃湾坝址附近的黄河两岸均以砂性土地层为主,地下水有良好的补给来源,可作为坝址区两岸生活用水及施工用水水源。

左岸坝址区施工供水采用浅层地下水作为水源。主要为土石坝及导流明渠

施工提供生产及生活用水,拟在左岸坝址区布置 2 口水源井,其中 1 口为备用井,井位均设在土石坝及导流明渠施工用地附近。每口井配置 1 台井泵,井泵选用 250QJ125 - 16 × 9 型深井潜水泵,其单台井泵流量为 90 ~ 125 ~ 150 m³/h,扬程为 95.2 ~ 128 ~ 150 m,电机功率为 75 kW。地下水由井泵抽到井边水池,水池容量为 800 m³。井边水池附近设加压泵房 1 座,泵房内设 IS80 - 50 - 200B 型单级单吸离心泵 3 台,其中 1 台备用。单台离心泵流量为 27 ~ 43 ~ 55 m³/h,扬程为 40.7 ~ 43 ~ 45.6 m,电机功率为 11 kW。离心泵将池内水直接输送至各用水点。

右岸施工供水系统主要用水点为大坝、施工营地、混凝土生产系统、钢筋加工厂、木材加工厂、混凝土预制厂、施工机械保修厂、汽车保养厂、中心仓库等,系统供水量为 400 m³/h。

拟在坝址区上游右岸沿线布置 4 口水源井,其中 1 口为备用井。每口井配置 1 台井泵,井泵选用 250QJ125 - 16 × 9 型深井潜水泵,其单台井泵流量为 90 ~ 125 ~ 150 m³/h,扬程为 95.2 ~ 128 ~ 150 m,电机功率为 75 kW。地下水由井泵抽到沿线中点附近井位的井边水池,水池容量为 1 000 m³。井边水池附近设加压泵房 1 座,泵房内设 XA65/16 型单级单吸离心泵 5 台,其中 1 台备用。单台离心泵流量为 100 m³/h,扬程为 35 m,电机功率为 18.5 kW。离心泵将池内水直接输送至各用水点。

砂石加工厂供水系统主要用于砂石加工厂的生产用水及生活用水,供水量650 m³/h。根据地勘资料,卡布其沟地下水的允许开采量在 90 m³/h 左右,需开采 7 口井。而在砂石加工厂附近已建有 1 座市政绿化用水池,其水源为黄河水,河水由泵站提升后经输水管线送到该水池,水质可满足砂石加工厂生产用水的要求。为节约工程投资并充分利用现有条件,拟在卡布其沟的砂石加工厂附近布置 5 口水源井,其中 1 口作为备用井,4 口工作井可提供 360 m³/h 的供水量。不足的水量由市政绿化水池提供,其绿化水源补充水量为 290 m³/h。每口井配置 1 台井泵,井泵选用 250JQA80 × 9 型深井潜水泵,其单台井泵流量为 67 ~ 80 ~ 110 m³/h,扬程为 99 ~ 153 ~ 166.5 m,电机功率为 70 kW。在距离加工厂最近的井位旁边设 1 座水池,水池容量为 1 000 m³。在井边水池附近设加压泵房 1 座,泵房内设 XA125/32A 型单级单吸离心泵 4 台,其中 1 台备用。单台离心泵流量为 191 m³/h,扬程为 29 m,电机功率为 30 kW。离心泵将池内水直接输送至砂石加工厂各用水点。绿化水源补充水拟采用水泵加压输送方式,配置 XA80/16 型单级单吸离心泵 3 台,其中 1 台备用。单台离心泵流量为 162 m³/h,扬程为 35 m,电机功率为 30 kW。

施工供水系统建筑面积共 800 m²,总占地面积 2 800 m²。

三、施工供电及通信系统

该工程施工用电总负荷为 4 700 kW,包括坝址区施工用电和砂石加工厂区施工用电两部分。其中,坝址区高峰用电负荷为 3 500 kW,由海勃湾 110 kV 变电站接 35 kV 线路至左岸坝址区施工主变电站,距离约 5 km,供电线路与永久工程备用供电线路结合,变压器最小容量为 4 700 kVA。坝址区施工主变电站布置在黄河右岸施工生产、生活区附近;砂石加工厂区施工用电总负荷为 1 200 kW,可从附近高压电线铁塔接 35 kV 线至砂石加工厂变电站,线路长度约 2 km,变压器最小容量为 1 600 kVA。

为确保工程施工期间重要施工部位及施工管理中心的供电不致间断,还设置了必要的施工备用电源。自备电源采用 3 台柴油发电机组,总容量为 480 kW,单机容量 160 kW。

施工通信与工程永久通信运行管理相结合,采取微波、有线、载波及电台等方式构成综合性的通信网络,供施工期使用。

第六节　修配及综合加工厂

一、组成

根据工程特点,设置钢筋加工厂、木材加工厂、混凝土预制厂、机械保修厂、汽车保养厂等,施工机械和汽车仅设保养及小修,而大中修则依靠地方企业解决。各修配加工企业均为每日一班制生产,高峰时临时两班制生产。

二、修配及综合加工厂

(一)钢筋加工厂

该工程主体钢筋总量约 1.8 万 t,在坝址上游约 900 m 的右岸设 1 座钢筋加工厂,生产能力为 20 t/班,其建筑面积 400 m²,占地面积 8 000 m²,钢筋加工厂平时一班制生产,施工高峰期两班制生产。

(二)木材加工厂

在坝址上游约 900 m 的右岸设 1 座木材加工厂,主要承担工程木模板的加工任务,生产能力为 10 m³/班,其建筑面积 200 m²,占地面积 3 000 m²,每日一班制生产。

（三）混凝土预制厂

在坝址上游约 800 m 的右岸设 1 座混凝土预制厂，主要承担主体及临建工程的混凝土预制件的制作任务，生产能力为 15 m³/班，预制厂建筑面积 400 m²，占地面积 5 000 m²，每日一班制生产。

（四）机械保修厂

该工程共有大中型施工机械 100 余台套，根据工程特点，工地不考虑施工机械的大修，只设机械保修，拟在坝址上游约 1 000 m 的右岸设 1 座机械保修厂，承担该工程所有施工机械的各级保养及小修任务。年保修劳动量为 10 万工时，建筑面积 600 m²，占地面积 6 000 m²，每日一班制生产。

（五）汽车保养厂

该工程共有运输机械约 70 余辆。根据工程特点，工地离乌海市区很近，现场不考虑运输机械的大修，只在坝址上游约 1 000 m 的右岸设 1 座汽车保养厂，承担该工程所有运输机械的各级保养及小修任务。汽车保养厂的年保养劳动量为 10 万工时，其建筑面积 400 m²，占地面积 5 000 m²，每日一班制生产。

第十章 水利水电工程施工工厂设计实例总论

第一节 施工工厂设计经验与不足

　　水利水电工程施工组织设计施工工厂设施对保证工程质量、保障工程施工总进度、降低工程投资等方面具有十分重要的意义。

　　施工工厂设施涉及专业多,情况复杂,运行期相对短,有些工厂待主体工程完工后,即需拆除清场,但也有一些企业如施工供水系统、施工供电及通信系统又可以和永久工程结合设计。在设计过程中,需根据工程各自的特点,考虑工程所处地理位置、枢纽布置、水文气象、地区经济状况等因素,既要满足工程建设的需要,又要与永久工程兼顾考虑,为工程节约投资。

　　在黄河龙口水利枢纽工程施工供水系统的设计中,吸取万家寨工程经验,施工生活用水的水质问题至关重要。在龙口水利枢纽工期较短、用水量相对少的情况下,将水源定为黄河岸边地下水,施工供水结合永久供水工程设计,部分水源井在施工期间作为施工供水系统的水源井,待工程完建后则作为枢纽水轮机组润滑用水、大坝消防及管理人员生活用水的水源井。上坝供水管线的布置在主体工程设计中统筹考虑,在施工供水相应的水池设计中,不仅在高程上要满足永久供水的要求,还要在水池壁上预留出水管线,以便在工程完建后实现顺利转接,实践证明效果良好。另外,龙口工程混凝土生产系统,采用万家寨使用过的 2 座拌和楼,生产能力完全满足工程需要,为工程节约了投资。在施工总布置中,将混凝土生产系统布置在靠近大坝的位置,从而减少了混凝土浇筑运输的水平距离,缩短了混凝土浇筑运输周期,为龙口工程混凝土施工进度的顺利完成提供了必要的保障。

　　沙坡头水利枢纽工程施工工厂在施工总布置中,将砂石筛分厂和混凝土生产系统布置在一起,并设在工程库区内,突破了施工总布置的常规设计。砂石筛分厂紧靠砂砾料场布置便于毛料运输,混凝土生产系统距离坝址很近,缩短了混凝土运输的水平距离。砂石与混凝土系统共用砂石成品料堆,避免了砂石厂生产的砂石成品骨料至混凝土生产系统的运输,为工程混凝土施工提供了诸多方便,从而降低了工程建设成本。由于工程的特殊性,将施工工厂设施及生活营地等布置在库区,为施工建设提供了便利条件。实践证明设计是成功的,工程还获得了国家大禹工程奖。

在水利水电工程建设期间,施工工厂设施的运行管理至关重要,很多工程施工供水系统是生产及生活共用水源,如果采用地下水作为水源,其水质一般会很好,生活饮用不会出现问题。如果采用地面水作为工程施工生产、生活的水源,特别是具有高浊度水特点的黄河水作为水源,在水厂运行管理方面,需要制定严格的管理制度,在运行过程中必须严格按照规章制度执行,并应具有一套完整的质量保障监督体系,否则可能会造成出厂水质不合规范的结果。

水利水电工程都是踞河修建,其地面水源一般情况下就是河水,如果采用主体工程所踞河道为水源地,因工程建设过程中拦河坝已经开始蓄水,在施工供水设计中一般不会将取水泵站设在坝址上游,以免大坝蓄水后上游水位抬高而影响取水泵站的正常运行,故只能将取水泵站设在坝址下游。而工地的施工生产及生活区大多与取水泵站相对距离较近,对于生产及生活污水的排放,要有统一的规划设计方案。在工程建设期间,工程建设管理单位对各个施工建设单位必须实施严格管理,不能任其污水随意流进河道,尤其是营地生活污水的排放口,一定要远离水源取水口,否则会造成水源被不同程度的污染,这样不仅会增加水处理净化负担,还可能造成出厂水质不合标准的不良后果。

万家寨水利枢纽工程施工供水系统的水源为黄河水,黄河水是整个工地施工生产生活的唯一水源。因水源地和水厂运行管理的问题,出现过水厂出水不满足国家规范生活饮用水水质标准的情况。为解决工地建设人员生活用水的质量问题,在工程建设期间在黄河岸边又打了 1 口水井,抽取地下灰岩岩层的基岩裂隙水,水质很好,不经处理即可满足国家饮用水水质标准。

万家寨工程混凝土生产系统散装水泥罐采用气力输送卸料,罐顶收尘效果不够理想,存在粉尘外溢的现象。散装水泥罐配套除尘设备能否正常工作与压缩空气的压力和输气管线直径等因素有关,如果压缩空气的压力过高,可能导致收尘装置不能正常工作。采用袋式除尘器应及时清理吸附的粉尘物料,否则也会影响除尘效果甚至会使粉尘外溢。

目前,国内工程施工的废水排放问题受到越来越多的重视,虽然水利水电工程鲜有化学污染废水,但是在施工建设期间,石方开挖的机械设备施工和砂石加工生产过程中的工程废水含有泥沙、石粉、岩石碎屑等物质,如果不经处理直接排放,也会对工程区的环境造成污染,如果直接流入河道,还可能影响下游地区的环境。多年以前,水利水电工程废水都是随沟流走。后来,有的工程虽然在设计中有处理方案,但在施工中因为土建工程量大、设备购置费用高、运行管理要求严格等,废水处理效果不够明显,有些工程甚至仅设置而不运行。

　　万家寨工程在砂石加工厂废水处理方案的设计上,因当时少有成熟设备无以选用,拟在附近的天然沟砌筑挡墙形成储水池,作为砂石加工厂砂石筛洗废水的沉淀池,可使废水中的泥沙及石粉沉淀沟底,池内上部溢流的清水可顺沟排走,流入河道。但因当时运行管理的水平、砂石废水处理设备的成熟度、建设各方的观念、环保部门的监管力度等多种因素,废水处理设施未能付诸实施,致使砂石加工厂的废水未经处理而直接流走。此后,国内出现一种针对砂石加工厂的废水处理设备称作砂处理单元,不仅可使排放的砂石废水中泥沙石粉含量大为降低,还可将石粉筛出并用于工程混凝土拌和。作为混凝土细骨料的砂料,掺入一定比例的石粉,可以减少水泥用量、降低水化热、改善混凝土和易性。

　　在目前的水利水电工程设计中,工程废水处理不再是纸上谈兵,工程环境评价具有现实意义。国内砂石废水处理设备也渐趋成熟,环保部门的监管也不再停留于经济处罚,工程废水经过净化处理达到国家废水排放标准方可排放,这对今后的水利水电工程建设提出了更高的要求。

　　水利水电工程施工工厂设计付诸施工不同于主体工程,施工建设期间在不影响工程总进度的前提下,施工工厂建设的生产规模、设备型号、建筑面积、占地面积等技术经济指标均有可能进行调整。万家寨工程砂石加工系统设计有左岸坝头砂石加工厂和右岸柳青塔砂石加工厂,分别向左岸高线混凝土系统和右岸低线混凝土系统提供砂石骨料。由于柳青塔砂石厂生产规模小,生产人工砂石骨料成本高,工程建设期间决定取消右岸柳青塔砂石加工厂的建设,仅设左岸坝头砂石加工厂。在混凝土浇筑高峰期间,增加左岸砂石加工厂的生产班制,提高成品砂石骨料的运输能力,增加砂石成品料堆的储备,保证了万家寨工程混凝土施工进度。另外,混凝土生产系统的制冷容量在实际生产中也有所降低,调整夏季混凝土浇筑日间时段,保证砂石成品骨料堆料高度,可使制冷容量大为降低,以满足混凝土夏季生产要求为度。

　　总之,施工工厂的建设在施工中具有很大的灵活性,以满足工程质量及生产强度为原则。

第二节　从勘测、设计到施工因条件变化
引出的问题

　　水利水电工程的特点之一就是建设期比较长,往往从建材料场的勘察开始,经过设计到工程施工的时段内,料场状况可能会发生很大变化。在这种情况下,需要对料场进行补充勘察,并重新对料场进行开采规划设计。对于已经开工的项目,保障工程按照施工总进度进行,补勘规划设计工作显得十分必要。

　　在建工程黄河海勃湾水利枢纽的卡布其沟天然砂砾料场,既是混凝土骨料料场,又是坝壳填筑料料场,料场的储量及质量均能满足工程要求。但在工程即将开工之际,卡布其沟料场已被地方建设开采殆尽,有用层储量所剩无几。在补充勘察成果增加的料场区域范围,无论对料场的储量还是对开采条件而言,都不如当初勘察所确定的料场区域,而且混凝土骨料的储量相对紧张。海勃湾工程天然建筑材料包括坝壳填筑料、混凝土骨料及其他砂石料,其他砂石料主要包括振冲碎石桩所用碎石以及坝体垫层、反滤料等,其中大部分用量为振冲桩碎石。因料场混凝土骨料储量紧张,而振冲桩碎石的质量标准低于混凝土骨料的质量标准,在对料场重新规划设计时,将混凝土骨料与振冲桩碎石的需用量区分开。在工程已经开工的情况下,根据已经完成的工程量,并根据料场补勘成果,重新对料场进行补充开采规划,将料场分区分层规划开采,保证了工程的顺利进行。

　　海勃湾工程包括临建工程在内的混凝土总量约 52 万 m^3,另有碎石桩及反滤料等其他砂石料约 92 万 m^3,共需砂石料约 175 万 m^3。碎石桩总长 41 万延米,在料场补充规划之际,工程已完成 13 万延米,按桩径 1 m 计算,工程尚需级配砂石料实方 90 万 m^3。目前,主体混凝土已完成 1.6 万 m^3,临建混凝土也已基本完成,未完成的混凝土量约 48 万 m^3,工程尚需混凝土用砂石骨料约 72 万 m^3,计入其他砂石用料在内,工程砂石料总需要量约 172 万 m^3。

　　初设阶段选定卡布其沟砂砾料场为主要砂砾料源,并按照规范要求进行了详查,A、B 两区上层混凝土骨料有用层储量 205.12 万 m^3,其中砾料净储量 184.83 万 m^3,砂料净储量 90.88 万 m^3;无用层体积 10 万 m^3。料场下层坝壳填筑料源储量 365 万 m^3,其中 A 区 272 万 m^3,B 区 93 万 m^3,料场上下层储量与质量均达规范要求。由于地方工程建设对砂石料的需求,卡布其沟砂砾料场 A 区下游段、B 区较大范围内的上层料源已经被大量开采,导致当初已完成详查的 A、B 两区的混凝土骨料料源储量所剩无几,而且乌海市在卡布其沟沟底新修筑的一条柏油公路已经通车,占用了大量原勘察料场的面积,同时修筑路基也开挖

了一些上层料源。所以,料场的原勘察储量减少很多,已经不能满足该工程设计用量要求。

由于上述原因,对卡布其沟砂砾料场 A、B 两区进行了复核,并增加了对 C 区料场的补充勘察。

卡布其沟砂砾料场 A、B 两区上层合计剩余混凝土骨料料源储量为 19.6 万 m³,A、B 区下层的坝壳填筑料基本未遭破坏。

卡布其沟砂砾料场 C 区为补充勘察新增料场区,C 区范围以 B 区上游边界为起点,沿卡布其沟向上游延伸约 2.2 km,宽度约 200 m。卡布其沟砂砾料场 C 区距海勃湾坝址 12 ~ 17 km,交通比较方便,可作为混凝土骨料料源的主料场。勘察区范围内,地面高程 1 200 ~ 1 240 m,大致呈南北走向,有暂时性地表水流。沟内地形高低不平,既有自然形成,亦有人工痕迹。勘察区周围附近有煤气管道、输水管道、高压电线铁塔、高速公路路基、新建柏油马路等,C 区料场范围内埋设有输水管道。料场 C 区顺卡布其沟延伸,呈带状分布,具有层位稳定、有用层厚度大、表面剥离层薄且呈零星分布的特点。

该料场分布面积广,有用层厚度大,剥离层少,除局部位置上覆少量风积砂壤土层外,大部分为砂卵砾石层。卡布其沟砂砾料场 C 区的无用层体积约 7.4 万 m³;有用层储量中 C 区上层混凝土骨料 54.34 万 m³,C 区下层坝壳填筑料 92.3 万 m³,其中上游下层混凝土骨料的有用层储量 27 万 m³,C 区上、下层合计储量 146.64 万 m³。

C 区料场有用层厚度比较稳定,砾石成分以灰岩为主,见有少量砂岩和火成岩等,粒径 1 ~ 5 cm 和 10 ~ 15 cm 者含量偏高,中间粒径者相对偏少,局部夹有细砾层,超径者含量 3% ~ 5%;局部砾石表面见有淋滤作用形成的钙质物。细粒以中细砂为主。根据用途及含粉、泥量的不同将其分为上、下层两部分,上层作为混凝土骨料,灰黄色,所含泥质以粉质为主,揭露厚度为 1 ~ 3 m;下层作为坝体填筑料,灰红色、棕黄色为主,泥质含量较高,所含泥质以黏、粉粒为主,甚至个别见泥裹砾现象,该层层位稳定,厚度较大,局部砾石表面见有淋滤作用形成的灰白色钙质物以及弱胶结现象。勘探深度内未见地下水位。该砾料作为混凝土粗骨料,其"软弱颗粒含量"指标超出规范要求,除此之外,其余各项指标均满足规范要求。对于混凝土细骨料,"含泥量"指标超标,且泥块含量较高,细骨料的细度模数低于规范要求的下限质量指标,除此之外,其余各项指标均满足规范要求。

C 区下层砂砾料若作为混凝土骨料,应进行专门的施工期试验。主要包括:①需要在施工开采时对粗、细骨料进行加强冲洗试验,以确定砂料、砾料中泥质物质是否可在大规模生产施工中被冲洗掉;②冲洗后的砂料和砾料需要重新进行土工试验分析,以确定是否能够满足混凝土粗、细骨料的质量标准要求;③开采出的钙质淋滤层和钙质弱胶结层作为弃料夹层,严禁使用;④尚需在施工时进行混凝土模块试验,以确定加强冲洗后的粗细骨料是否满足混凝土的强度要求。

经过级配平衡计算,确定采用筛分加破碎部分超径石及大石的加工工艺,工程尚需开采砂石毛料 195 万 m³,其中混凝土所需 85 万 m³,其他砂石料 110 万 m³。对料场开采进行重新规划如下:

(1)首先对 A、B 两区上层 19.6 万 m³ 混凝土骨料料源进行抢救性开采,以免更大流失;C 区上层混凝土骨料储量 54.34 万 m³,考虑现有埋地输水管线预留安全距离及开挖边坡,实际可采 49 万 m³;C 区上游下层混凝土骨料储量 27 万 m³,开采 16.4 万 m³,总开采量 85 万 m³,满足工程混凝土所需骨料的开采量。C 区上游下层混凝土骨料剩余储量可作为其他砂石料料源。

(2)考虑料源紧缺,C 区料场下游下层作为其他砂石料料源,下层坝壳填筑料储量 92.3 万 m³,其中上游下层混凝土骨料储量 27 万 m³。考虑埋管预留安全距离及开挖边坡后减少的开采部分,扣除 C 区上游下层混凝土骨料开采 16.4 万 m³,计划开采按实际可采 60 万 m³ 计,工程尚缺 50 万 m³ 砂石料,拟从 B 区上游下层区域开采补充。B 区下层坝壳填筑料储量 93 万 m³,计划开采 50 万 m³。混凝土骨料之外的其他砂石毛料计划总开采量 110 万 m³,满足工程其他砂石料所需。

(3)A 区下层的坝壳填筑料源未受破坏,储量为 272 万 m³,满足坝壳填筑所需开采量 118 万 m³ 的要求。考虑到现有一条输水管线在砂石加工厂附近横穿料场将 A 区分为 1/A 区和 2/A 区两部分,1/A 区开采不便,因此坝壳填筑料先由 A 区上游 2/A 区域开采,下游 1/A 区作为备采区。

(4)料场开采时应注意开采区内的水、煤气等管道、公路设施,需预留安全距离,料场范围开挖边坡不小于 1:1.5,以免现有管线及公路遭受破坏。

C 区料场内埋有输水管道,开采时要采取安全保护措施,或预留一定的安全距离,或考虑减小料场利用系数。另外,料场左、右岸均埋有天然气输送管道,故在料场开采范围以外的施工中也要注意。总之,在料场开采时,需注意保护开采区内外现有水、煤气等管线及公路免遭破坏,以保证工程施工顺利进行。

(5)新补勘的 C 区料场以 B 区上游边界沿卡布其沟向上游延伸约 2.2 km,施工场内临时道路需相应延长。

海勃湾卡布其沟砂砾料场开采规划和级配平衡分别见表 10-1 和表 10-2。

表 10-1　海勃湾卡布其沟砂砾料场开采规划

设计需要量（万m³）			需要开采量（万m³）			料场区域		料场现状储量（万m³）		计划开采量（万m³）			平均开采深度（m）	剩余或不足
砂石骨料		坝壳填筑料	砂石骨料		坝壳填筑料			混凝土骨料毛料	坝壳填筑料毛料	砂石骨料		坝壳填筑料		
混凝土骨料	其他砂石料		混凝土骨料	其他砂石料						混凝土骨料	其他砂石料			
72	100	87	85	110	118	A区	上层	16.6		16.6			1.8	0
							下层		272		118		3.5	+154
						B区	上层	3		3			1.8	0
							下层		93		50		3.5	+43
						C区	上层	54.34		49			1.7	+5.34
							下层	27	65.3	16.4	60		3	+15.9
172			195			合计		100.94	430.3	85	110	118		+218.24
总计	259		313					531.24		313				+218.24

注：表中带"＋"号为剩余储量；C区上层混凝土骨料计划开采量49万m³为考虑埋管预留安全距离及开挖边坡后的可开采量，C区下层混凝土骨料储量27万m³位于上游下层。

表 10-2　海勃湾卡布其沟天然砂砾料场砂石骨料级配平衡

料场	开采量（万m³）	多余砾石		缺少砾石		多余砂料（万m³）	加工剩余（万m³）
		砾级（mm）	多余量（万m³）	砾级（mm）	缺少量（万m³）		
A、B区上层	19.6	>80	2.40	80～20	2.57	1.40	0
C区上层	49	>80	10.34	80～5	8.72	2.65	4.27
C区下层	76.4	>80	11.84	80～5	10.09	4.97	6.72
B区下层	50	>80	8.15	80～5	6.95	3.60	4.80
总计	195		32.73		28.33	12.62	15.79

砂石加工工艺需根据料场情况确定,海勃湾天然砂砾料场软弱颗粒含量超标的粒径主要集中在 5～10 mm,在加工工艺的设计中将筛分机增加一层 10 mm 的筛网,将 5～20 mm 小石分为 5～10 mm 和 10～20 mm 两级,并将大部分 5～10 mm 粒径范围的小石弃掉不用,使软弱颗粒含量降低至规范要求,即可解决软弱颗粒含量超标的问题。

第三节　施工工厂设施布置及指标上的变化

随着国家经济的迅猛发展,水利水电工程的施工技术水平大有提高,在施工组织设计中,施工工厂设施的组成、布置以及各个工厂的车间组成、设备类型等,都在发生很大的变化。目前,钢制模板的规格的越来越多,大有取代木制模板的趋势,目前的水利水电工程建设中,混凝土浇筑大多采用钢模板,只有在混凝土浇筑形状非常不规则的情况下,才会采用木模板。木材加工厂主要承担的任务是混凝土浇筑所需的各类木模板和房屋建筑构件及其他木制品等,现今房屋构件采用木制材料的越来越少,大多被铝合金、塑钢等材料所替代,故木材加工厂的生产任务缩减很多。若单独设置会存在设备配置多而利用率低且占地面积大等问题,所以设计中有时将木材加工厂合并到钢筋加工厂,组成综合加工厂。

目前,国内的水利水电工程基本不设制氧厂,氧气可以依靠地方提供。修钎厂因为设备的更新在《水利水电工程施工组织设计规范》(SDJ 338—89)中已经不再提到。

水利水电工程施工工厂设施是为工程建设期间提供施工必要的保障,在混凝土砂石成品骨料的储备以及水泥、钢筋、钢材、木材等建筑材料的储备必须满足施工进度的需要。在设计规范中对混凝土骨料、水泥等均有储备天数的要求。对国内改革开放前的经济状况而言,储备天数的要求比较多,但在目前国内经济比较繁荣的情况下,市场供应的材料比如钢材、水泥等建筑材料的提供,从数量和运输条件上都有很大程度的改善。因此,储存的数量都有一定程度的减少。施工机械和汽车修配企业,由于地方的修配能力大为提高,普遍具备一般机械的中修及大修的能力。目前,工地大多仅设机械保修厂及汽车保养厂,即可满足工程需要,大中修均可依靠地方企业解决。因此,钢筋加工厂、木材加工厂、机械保修厂、汽车保养厂等施工工厂设施的规模、用电负荷、建筑面积、占地面积等技术经济指标均可降低,材料的储备量也可有所减少。

混凝土砂石骨料的储备数量,因为混凝土骨料的提供对于保障工程主体工程的进度至关重要,储备天数必须满足设计规范要求。不仅如此,还需根据工程的具体情况确定储备数量。如果料场为水下开采,可能会存在汛期停采的问题;如果在寒冷地区,可能存在加工厂冬季停工的问题,需要根据停采或停工的时间,提前储备足够数量的砂石骨料,以满足汛期或冬季混凝土施工的需要。

目前,我国的水利水电事业已经发展到国外,设计中还需根据当地国家的现实经济状况,确定施工工厂设施的规模、材料储备量、建筑面积、占地面积等技术经济指标。

混凝土生产系统和砂石加工系统是施工工厂设施的重要组成部分,用水量比较大,尤其砂石加工厂的用水量大并占有很高比例。砂石加工厂的生产用水主要包括筛洗用水和洗砂用水,混凝土生产系统的生产用水主要包括混凝土拌和用水和料罐冲洗用水。设计手册中的施工生产用水概略指标是根据多年前国家经济状况制定的,用水指标普遍比较高,其砂石加工及混凝土生产系统生产用水概略指标详见表10-3。

表10-3　砂石加工及混凝土生产系统生产用水概略指标

序号	项目	用水指标	备注
一	砂石加工系统		
1	天然砾石筛洗	$1\ 500 \sim 2\ 500\ \mathrm{L/m^3}$	视砂石含泥量大小选用
2	人工砂石筛洗	$4\ 000 \sim 6\ 000\ \mathrm{L/m^3}$	
3	洗砂机用水	$1\ 500 \sim 4\ 000\ \mathrm{L/m^3}$	视砂石含泥量大小选用
二	混凝土生产系统		
1	拌和用水	$150 \sim 300\ \mathrm{L/m^3}$	以每立方米混凝土计
2	料罐冲洗用水	$10 \sim 20\ \mathrm{L/s}$	以一个冲洗台用水计

目前,国内水利水电工程建设单位施工用水的提供方式,有的是建设管理单位有偿提供,有的则是施工单位自行解决,总之施工单位的用水都是计入成本核算的。因此,多年前水电工地的长流水已经不多见了,取而代之的是施工单位的节约用水,不但减少了浪费现象,而且施工生产用水指标也有所减少。尤其砂石加工用水指标,因管理体制的改革和技术水平的进步,其生产用水指标显著减少。根据近年来的工程经验,混凝土生产系统的实际拌和用水指标变化不大,而砂石加工厂的实际用水指标可以降低至$1.5 \sim 2.5\ \mathrm{m^3/m^3}$。需要说明的是,该砂石厂实际用水指标为低限数值范围,如果砂石料含泥量高而且黏粒含量很高,其用水量势必会大为增加。从砂石生产用水量的角度考虑,料场的选择和砂石加工工艺的设计以及加工设备的选择,都起着至关重要的作用。

目前实行的《水利水电工程天然建筑材料勘察规程》(SL 251—2000)中对

混凝土砂石骨料的质量做了严格的规定,对混凝土细骨料中人工砂的石粉允许含量规定为小于等于 10%。在《水工混凝土施工规范》(DL/T 5144—2001)中,对人工砂中的石粉允许含量规定为 6% ~ 18%,对天然砂并没有作规定。但是在《水利水电工程天然建筑材料勘察规程》(SL 251—2000)中对天然建筑材料进行了系统的粒组划分,详见表 10-4。砂粒的粒径范围在 5.00 ~ 0.075 mm。

表 10-4　　天然建筑材料粒组划分

粒级名称		粒径(mm)
蛮石		>150
砾石	极粗	150 ~ 80
	粗	80 ~ 40
	中	40 ~ 20
	细	20 ~ 5
砂粒	极粗	5.00 ~ 2.50
	粗	2.50 ~ 1.25
	中	1.25 ~ 0.630
	细	0.630 ~ 0.315
	微细	0.315 ~ 0.158
	极细	0.158 ~ 0.075
粉粒	粗	0.075 ~ 0.010
	细	0.010 ~ 0.005
黏粒		<0.005
胶粒		<0.002

　　洗砂机的任务是将砂料中的泥和部分石粉洗去,而被洗去石粉的比例与洗砂机的用水量有关。洗砂机械一般采用螺旋分级机,砂料在螺旋分级机(俗称螺旋洗砂机)内的洗选过程中,粒径小于 0.158 mm 的砂料容易被机箱中的水流冲走。但是若将螺旋分级机的供水量减少,被洗去的石粉含量也会有所减少,则返砂量即经过洗选后的成品砂料中其石粉含量会有所增加。

　　人工砂的传统生产设备是棒磨机,棒磨机制砂属于湿式制砂方式,而且用水指标比较高,目前水利水电工程因为工艺和成本问题,更多的采用干式制砂工艺,其生产设备包括反击式破碎机、立轴式冲击破碎机、圆锥破碎机等。然而,干式制砂常会出现人工砂级配不好、细度模数不理想、石粉含量过高等问题,所以往往还需配置棒磨机用以调整人工砂的细度模数。如果在减少用水量的情况下不影响正常的生产运行,也不影响混凝土砂石成品骨料的质量,对降低工程成本、节约工程投资的意义十分重要。砂石加工用水量在施工供水系统占有很高比例,如果把砂石筛洗用水和洗砂用水的指标降低下来,将会减少整个工程的施工供水规模。

　　总之,随着科学技术的进步和设备的更新,施工工厂设施的规模、布置、用电负荷、用水量、建筑面积、占地面积等技术经济指标也发生规律性的变化。除砂石加工及混凝土生产系统以外,其他修配加工企业的生产规模、用电负荷、用水量等指标均有不同程度的减小。砂石加工系统由于越来越多地采用干式制砂工艺,其用水量普遍有所减少;但由于设备的更新,其用电负荷普遍有所增加。混凝土生产系统的规模、用电负荷、用水量等指标变化不大。由于施工总布置的征地范围普遍存在不同程度的缩减,也在影响施工工厂设施所有加工修配企业占地面积的缩小。

　　在水利水电工程的设计工作中,只有充分了解工程勘测、设计、施工全过程,才能正确分析问题并及时解决好问题。要从完建工程中吸取成功经验,找出问题根源并从中吸取教训,为后续工程的设计积累经验。这对水利水电工程的建设具有十分重要的意义。只有保持不断进取创新的精神和认真严谨、实事求是的科学作风,全面辩证地分析问题,才能更好地提高设计水平。

参 考 文 献

［1］中华人民共和国水利部. SL 303—2004 水利水电工程施工组织设计规范［S］. 北京：中国水利水电出版社,2004.

［2］中华人民共和国国家发展和改革委员会. DL／T 5397—2007 水电工程施工组织设计规范［S］. 北京：中国电力出版社,2007.

［3］水利电力部水利水电建设总局. 水利水电工程施工组织设计手册(第四卷)［M］. 北京：中国水利水电出版社,1991.

［4］水利电力部成都勘测设计院. SDJ 338—89 水利水电工程施工组织设计规范［S］. 北京：中国水利水电出版社,1990.

［5］中国长江三峡工程开发总公司,中国葛洲坝水利水电工程集团公司. DL／T 5144—2001 水工混凝土施工规范［S］. 北京：中国电力出版社,2002.

［6］中华人民共和国水利部. SL 251—2000 水利水电工程天然建筑材料勘察规程［S］. 西安：未来出版社,2005.